国家自然科学基金项目
省教育厅专项科研计划项目

新一代专家系统开发技术及应用

The Developing Technology and Application of New Generation Expert System

刘培奇　著

U0378721

西安电子科技大学出版社

内 容 简 介

本书在专家系统研究的基础上，根据近年来计算机科学的最新研究成果，介绍了新一代专家系统开发中的关键技术，并结合计算机网络故障管理问题介绍了新一代专家系统的实际应用。全书共分 7 章，内容主要包括绪论、概念图知识表示、基于数据挖掘技术的知识获取、概念图与 EPRs 的知识推理、基于概念图的自然语言接口设计、网络故障诊断专家系统的设计与实现以及新一代专家系统研究的总结与展望等。

本书适合作为高等院校计算机科学与技术、软件工程、自动化、自动控制等相关专业高年级学生和研究生教材，也可作为从事专家系统、人工智能和智能系统研究、开发和应用工作的科技人员的技术参考书。

图书在版编目(CIP)数据

新一代专家系统开发技术及应用/刘培奇著. —西安：西安电子科技大学出版社，2014.1
ISBN 978 - 7 - 5606 - 3252 - 0

Ⅰ. ① 新… Ⅱ. ① 刘… Ⅲ. ① 专家系统－系统开发 Ⅳ. ① TP182

中国版本图书馆 CIP 数据核字(2013)第 287374 号

策 划	李惠萍
责任编辑	李惠萍 史鹏腾
出版发行	西安电子科技大学出版社(西安市太白南路 2 号)
电 话	(029)88242885 88201467 邮 编 710071
网 址	www. xduph. com 电子邮箱 xdupfxb001@163.com
经 销	新华书店
印刷单位	西安文化彩印厂
版 次	2014 年 1 月第 1 版 2014 年 1 月第 1 次印刷
开 本	787 毫米×960 毫米 1/16 印 张 13
字 数	229 千字
印 数	1～2000 册
定 价	24.00 元

ISBN 978 - 7 - 5606 - 3252 - 0/TP

XDUP 3544001 - 1

＊＊＊如有印装问题可调换＊＊＊

前　言

专家系统是计算机科学中的重要研究内容。自从专家系统问世以来，其理论研究和应用都取得了丰硕成果，各种类型的专家系统层出不穷，已广泛应用于各行各业，如计算机科学、农业、机械、化工等。进入 21 世纪后，随着计算机科学的快速发展，特别是人工智能、机器学习、数据挖掘、模式识别和计算机网络的发展，专家系统的研究、发展和应用都将面临新的挑战和机遇，新一代专家系统的研究成为专家系统研究的新课题。

本书通过对国家自然科学基金项目——"基于数据融合理论的知识发现方法及其在网络管理中的应用"（项目编号：60173006）、国家自然科学基金项目——"面向语用 Web 服务的网络服务管理机制研究"（项目编号：60673170）和陕西省教育厅专项科研计划项目——"网络故障智能管理中模糊概念图推理方法研究"（项目编号：08JK318）的研究，结合新一代专家系统的主要特征，从知识表示、知识获取、知识推理和自然语言理解等方面对新一代专家系统开发中的关键问题展开研究。

全书共分 7 章，主要研究了概念图（Conceptual Graphs，CGs）、模糊概念图、灰色概念图和基于灰色概念图的扩展产生式规则知识表示方法；针对灰色概念图和扩展产生式规则知识表示，研究了扩展产生式规则中的不确定推理和灰色概念图的匹配推理问题，设计了完全匹配推理算法、投影匹配推理算法、相容匹配推理算法和最短语义距离的匹配推理算法；在经典关联规则挖掘算法基础上，从数据库约简、数据库中数据项间的关联度、数据库中数据项的模糊性等方面，研究了基于数据库约简的挖掘算法 MARRD、基于数据库中数据项间的关联度挖掘算法 FFIA、处理数据库中数据项的模糊性挖掘算法 MFARR和基于一次性数据库访问策略的 Aprioir_ADO 算法；研究了基于概念图知识表示的汉语接口，总结了汉语生成中常用的关系形式，分别设计了概念图生成汉语语句的 GSCG 算法、GSCGC 算法和 GSCGN 算法，并对循环概念图和嵌套概念图提出了相应的存储结构；最后，结合计算机网络管理中的故障管理问题，设计了具有新一代专家系统特征的网络故障诊断专家系统原型。

计算机科学是一个发展迅速的学科，计算机科学中的重要分支——专家系统也是一个时时求变的学科，因此，对新一代专家系统的研究也是一个与时俱进的过程，是一项长期而艰巨的任务。作为计算机科学的研究人员，要随时吸收科学技术发展中的新思想，掌握新方法和新技术，不断充实新一代专家系统的理论和方法，使新一代专家系统的发展立于学科发展的最前沿。

本书由西安建筑科技大学刘培奇撰写。西安交通大学李增智教授对本书的写作给予了热情帮助和鼓励，并审阅了全文，在此对李教授的辛勤工作深表谢意。作者在撰写本书的过程中参考了大量的科技文献，正是这些文献作者的辛苦工作，奠定了我的研究方向和研究基础，在此对他们表示感谢。另外，在本书的选题策划、编辑和出版过程中，西安电子科技大学出版社李惠萍老师给予了大力支持和帮助，也得到了西安电子科技大学出版社领导和员工的支持，在此一并表示感谢。

由于作者的学识有限，书中难免存在一些不足和不妥之处，恳请广大读者批评指正。

作　者

2013 年 10 月

目　　录

第1章 绪 论

专家系统(Expert System，ES)是人工智能发展的必然产物，也是人工智能理论的具体应用。自 1965 年第一个专家系统 DENDRAL 在美国斯坦福大学问世以来，经过近 50 年的不断发展和完善，专家系统已广泛应用于基于知识求解问题的众多领域，并取得了丰硕成果。专家系统的成就是人工智能理论生命力的重要体现，一些新型结构、集成算法、应用领域正在不断被开发。特别是，20 世纪 90 年代问世的 Internet 网络和知识发现等技术的出现，开拓了专家系统的新领域，促进了专家系统新型结构、新型算法的不断研究和发现。本书在国家自然科学基金项目——"基于数据融合理论的知识发现方法及其在网络管理中的应用"[1, 2]、国家自然科学基金项目——"面向语用 Web 服务的网络服务管理机制研究"和陕西省教育厅专项科研计划项目——"网络故障智能管理中模糊概念图推理方法研究"的支持下，针对计算机网络故障诊断问题，对新一代专家系统中知识处理的关键问题进行了较深入的研究[3]。

1.1 专家系统概述

专家系统是人工智能应用中最活跃和最广泛的研究课题之一。自问世以来，专家系统的研究已经取得了巨大成功。目前，在医疗、机械制造和设计、故障诊断、地质勘探、农业、教育等许多行业都有成功的专家系统应用案例，专家系统已遍布各个专业领域。

1.1.1 专家系统的定义与结构

专家系统是一个由计算机程序组成的智能系统。系统利用内部解决专业问题的大量领域专家的专业知识和经验，模拟人类专家解决问题的方法处理领域问题。也就是说，专家系统是一个具有大量的专门知识与经验的程序系统，应用人工智能技术和计算机技术，根据某领域的一个或多个专家提供的知识和经验，进行推理和判断，模拟人类专家的决策过程，以便解决那些需要人类专家处理的复杂问题。目前，对于专家系统还没有统一的定义。在本书中，作者结合文献[4，5]中内容给出一个专家系统的基本定义。

定义 1.1　专家系统是一个基于知识推理的计算机软件系统，它拥有领域专家解决专业问题的经验、知识和方法，即：

$$专家系统＝知识库＋推理机$$

在定义 1.1 中，专家系统主要由知识库和推理机组成。事实上，一个完整的理想专家系统如图 1.1 所示。在实际应用中，由于每个专家系统的任务和特点不同，其系统结构也不尽相同，一般只具有该图中的部分模块。下面对图 1.1 中的几个部分进行简单介绍。

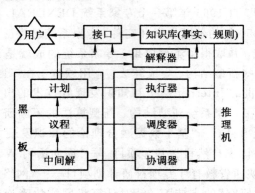

图 1.1　理想专家系统

1. 接口

接口是人与系统进行交流的界面，它为用户提供了直观方便的交互手段。接口的功能是识别与解释用户向系统提供的命令、问题和数据等信息，并把这些信息转化为系统的内部表示形式。另一方面，接口也将系统向用户提出的问题、得出的结果和作出的解释以易于理解的形式提供给用户。

2. 黑板

黑板是用来记录系统推理过程中用到的控制信息、中间假设和中间结果的数据库，它包括计划、议程和中间解三部分。其中，计划记录了当前问题总的处理计划、目标、问题的当前状态和问题背景；议程记录了一些待执行的动作，这些动作大多是由黑板中已有结果与知识库中的规则作用而得到的；中间解存放着当前系统已产生的结果和候选假设。

3. 知识库

知识库包括两部分内容：一部分是已知的同当前问题有关的数据信息，另一部分是进行推理时要用到的一般知识和领域知识。这些知识大多以规则、网络和过程等形式表示。

4. 推理机

推理机包括调度器、执行器、协调器三部分。调度器按照系统建造者所给的控制知识（通常使用优先权办法），从议程中选择一个项作为系统下一步要执行的动作。执行器应用知识库和黑板中记录的信息，执行调度器所选定的动作。协调器的主要作用是当得到新数据或新假设时，对已得到的结果进行修正，以保持结果前后的一致性。

5. 解释器

解释器的功能是向用户解释系统的行为，包括解释结论的正确性及系统输出其他候选解的原因。为完成这一功能，通常需要利用黑板中记录的中间结果、中间假设和知识库中的知识。

1.1.2 专家系统的特点

尽管专家系统是一个计算机软件系统，但与传统的计算机程序相比，专家系统有其自身的特点。

1. 具有丰富的经验和高水平的技术

要使专家系统达到人类专家解决问题的水平和经验，仅仅作出与人类专家同样的结论是不够的。真正的领域专家与新手的不同还在于他们不仅能够产生正确的结论，而且能迅速作出判断。因此，一个专家系统必须能够应用它的知识，高效和准确地推导出结论。

2. 能够根据知识进行推理

领域专家解决问题的方法大多数是经验性的，这些经验性知识是不精确的，它们仅以一定的可能性存在。另外，要解决的问题本身提供的信息也是不确定的。专家系统能够综合利用这些不确定的知识进行推理，并作出结论。

3. 具有元知识

元知识是指导系统如何推理的知识，也就是有关知识的知识。目前，解释器解释系统如何作出推论的知识，是一种常见的元知识。未来的专家系统将允许系统根据基本原则进行推论以建立每一规则的合理性，可以按照用户的需求对解释作出适当的剪裁，能够通过规则修改、知识库重构从而改变系统的内部结构。

4. 知识库和推理机分离

专家系统中知识库和推理机明显分离，一旦推理机确定了，系统就可以根据知识库中的知识进行推理。此后，系统的扩充和修改主要是针对知识库进行的。

5. 专家系统也可能出错

这一点是专家系统与传统计算机程序的重要差别。传统程序设计完成后，在相同的条件下每次运行都能得到准确的结论。但是，专家系统所依赖的是知识、经验、推理策略、假设等，它会像人类专家一样进行启发式思维，在大多数情况下都能得到准确结果，但有时会产生错误答案。

1.1.3 专家系统的发展

专家系统自问世以来，从最初阶段到应用期和高速发展期，共经历了四个时代。

1. 第一代专家系统(1965—1971年)

DENDRAL系统在美国斯坦福大学的问世，标志着专家系统进入初创期。这个时期的专家系统完全是针对特定应用领域开发的，以高度专业化、求解专门问题的能力强为特点。它们注重系统性能，但忽略了系统的透明性和灵活性等问题，同时在体系结构的完整性、可移植性等方面也存在缺陷，求解问题的能力还较弱。

2. 第二代专家系统(1972—1980年)

20世纪70年代初，专家系统进入成熟期，并且专家系统的观念也开始广泛被人们接受。这个时期最具代表性的是MYCIN系统，它是由斯坦福大学研究开发的血液感染病诊断专家系统。在MYCIN中第一次使用了知识库概念，并以似然推理技术来模拟人类的启发式问题求解方法。在这个时期出现的元知识概念、黑板系统结构、产生式系统、框架和语义网络知识表达方式等理论和技术，对专家系统的理论和实践都有很大贡献，也被广泛地应用于以后的专家系统中。这个时期的专家系统体系结构较完整，移植性方面也有所改善，而且在系统的人机接口、解释机制、知识获取技术、不确定推理技术、增强专家系统的知识表示、推理方法的启发性和通用性等方面都有所改进。

3. 第三代专家系统(1981—1995年)

第三代专家系统属于多学科综合型系统。这一时期的专家系统采用多种人工智能语言，综合采用各种知识表示方法和多种推理机制及控制策略，并开始运用各种知识工程语言、骨架系统及专家系统开发工具和环境来研制大型综合专家系统，是专家系统的高速发展期。EMYCIN 就是在 MYCIN 基础上开发的一个骨架系统，它实际上是一个没有领域知识库的 MYCIN 专家系统。骨架系统的出现促进了专家系统的商品化和发展。专家系统广泛应用于医学、地质勘探、石油天然气资源的评价，数学、物理学、化学的科学发现，以及企业管理、工业控制、经济决策等方面，出现了解释、预测、诊断、故障排除、设计、规划、监视、修正、教学和控制等专家系统。

4. 第四代专家系统(1996 年至今)

20 世纪 90 年代后，人们对专家系统的研究转向了与知识工程、模糊技术、实时操作技术、神经网络技术、数据库技术等相结合，采用大型多专家协作系统、多种知识表示、综合知识库、自组织解题机制、多学科协同解题与并行推理、专家系统工具与环境、人工神经网络知识获取及学习机制等最新人工智能技术来实现具有多知识库、多主体的第四代专家系统。第四代专家系统属于新一代专家系统，是今后专家系统的研究方向。

1.1.4　专家系统的分类

目前，成功的专家系统非常多，按照解决问题的性质和专家系统的结构，可对专家系统进行系统的分类[5]。

1. 按照解决问题的性质分类

按照解决问题的性质，专家系统可分为以下 10 类。

1) 解释专家系统

解释专家系统的任务是通过对已知信息和数据的分析与解释，确定它们的涵义。解释专家系统具有下列特点：系统处理的数据量很大，而且往往是不准确的、有错误的或不完全的；系统能够从不完全的信息中得出解释，并能对数据作出某些假设；系统的推理过程可能很长很复杂，因而要求系统具有对自身的推理过程作出解释的能力。

解释专家系统的例子有语音理解、图像分析、系统监视、化学结构分析和信号解释等。例如，DENDRAL 就是一个有关化学结构分析的实用系统。

2) 预测专家系统

预测专家系统的任务是通过对过去和现在已知状况的分析，推断未来可能发生的情况。预测专家系统具有下列特点：系统处理的数据随时间变化，而且可能是不准确和不完全的；系统需要有适应时间变化的动态模型，能够从不完全和不准确的信息中得出预报，并达到快速响应的要求。

预测专家系统的例子有气象预报、军事预测、人口预测、交通预测、经济预测和谷物产量预测等。

3）诊断专家系统

诊断专家系统的任务是根据观察到的情况（数据）推断出某个对象出现故障的原因，并能够提出相应的维修建议。诊断专家系统具有下列特点：能够了解被诊断对象或客体各组成部分的特性以及它们之间的联系；能够区分一种现象及其所掩盖的另一种现象；能够向用户提供测量的数据，并从不确切信息中得出尽可能正确的诊断。

诊断专家系统的例子特别多，有医疗诊断、电子机械和软件故障诊断以及材料失效诊断等。例如，用于血液感染病诊断的 MYCIN、IBM 公司的计算机故障诊断系统 DART/DASD、火电厂锅炉给水系统故障检测与诊断系统等，都是国内外颇有名气的实例。

4）设计专家系统

设计专家系统的任务是根据设计要求，得到满足设计问题约束的目标配置。设计专家系统具有如下特点：善于从多方面的约束中得到符合要求的设计结果；系统需要检索较大的可能解空间；善于分析各种子问题，并处理好子问题间的相互作用；能够试验性地构造出可能设计，并易于对所得设计方案进行修改；能够使用已被证明是正确的设计来解释当前的（新）设计。

设计专家系统涉及电路（如数字电路和集成电路）设计、土木建筑工程设计、计算机结构设计、机械产品设计和生产工艺设计等。比较有影响的设计专家系统有 VAX 计算机结构设计专家系统 R1（XCOM）、浙江大学的花布立体感图案设计和花布印染专家系统、大规模集成电路设计专家系统以及齿轮加工工艺设计专家系统等。

5）规划专家系统

规划专家系统的任务是寻找出某个能够达到给定目标的动作序列或者操作步骤。规划专家系统的特点有：需要规划的目标可能是动态的或静态的，因而需要对未来动作作出预测；所涉及的问题可能很复杂，要求系统能够抓住重点，处理好各子目标间的关系和不确定的数据信息，并通过试验性动作得出可行性规划。

规划专家系统可用于机器人规划、交通运输调度、工程项目论证、通信与军事指挥以及农作物施肥方案规划等。比较典型的规划专家系统有 ROPES 机器人规划专家系统、汽车和火车运行调度专家系统以及小麦和水稻施肥专家系统等。

6）监视专家系统

监视专家系统的任务在于对系统、对象或过程的行为进行不断观察，并把观察到的行为与其应当具有的行为进行比较，当发现异常情况时发出警报。监视专家系统具有下列特点：系统应具有快速反应能力，在造成事故之前及时发出警报；系统发出的警报要有很高的准确性，在需要发出警报时发警报，在不需要发出警报时不得轻易发出警报（假警报）；系统能够随时间和条件的变化动态地处理其输入信息。

监视专家系统可用于核电站的安全监视、防空监视与警报、国家财政监控、传染病疫情监视及农作物病虫害监视与警报等。粘虫测报专家系统是监视专家系统的一个实例。

7）控制专家系统

控制专家系统的任务是自适应地管理一个受控对象或客体的全面行为，使之满足预期要求。控制专家系统的特点：能够解释当前情况，预测未来可能发生的情况，诊断可能发生的问题及其原因，不断修正计划，并控制计划的执行。也就是说，控制专家系统具有解释、预报、诊断、规划和执行等多种功能。

空中交通管制、商业管理、自主机器人控制、作战管理、生产过程控制和生产质量控制等都是控制专家系统潜在的应用方面。例如，已经有对海陆空自主车、生产线调度和产品质量控制等课题进行控制专家系统的研究。

8）调试专家系统

调试专家系统的任务是对失灵的对象给出处理意见和方法。调试专家系统的特点是同时具有规划、设计、预报和诊断等专家系统的功能。调试专家系统可用于新产品或新系统的调试，也可用于设备的调整、测量与试验。这方面的专家系统实例还很少见。

9）教学专家系统

教学专家系统的任务是根据学生的特点、弱点和基础知识，以最适当的教案和教学方法对学生进行教学和辅导。教学专家系统的特点：同时具有诊断和调试等功能；具有良好的人机界面。

已经开发和应用的教学专家系统有美国麻省理工学院的 MACSYMA 符号积分与定理证明系统、我国一些大学开发的计算机程序设计语言和物理智能计算机辅助教学系统以及聋哑人语言训练专家系统等。

10）修理专家系统

修理专家系统的任务是对发生故障的对象（系统或设备）进行处理，使其恢复正常工作。修理专家系统具有诊断、调试、计划和执行等功能。美国贝尔实验室的 ACI 电话和有线电视维护修理系统是修理专家系统的一个应用实例。

2. 按照工作原理和结构分类

按照专家系统的工作原理和结构可将专家系统分为基于规则的专家系统、基于框架的专家系统和基于模型的专家系统。

1）基于规则的专家系统

基于规则的专家系统是以产生式规则为基础的系统，它主要由包含解决问题的规则和事实组成的知识库、利用推理模型建立的推理机组成。比较完整的专家系统还包括用户接口、解释系统、临时工作区等部分。用户接口可能包括某种自然语言处理系统，它允许用户用一个有限的自然语言集，以自然语言的形式与系统交互，也可使用带有菜单的图形接口界面。解释系统分析被系统执行的推理结构，并提供一个使用户满意的证据。临时工作区负责存储专家系统推导出的新事实。

EMYCIN 就是基于规则的专家系统最成功的例子。EMYCIN 采用的是逆向链深度优先的控制策略，它提供了专门的规则语言来表示领域知识。基本的规则形式是

(IF 〈前提〉 THEN 〈行为〉 [ELSE 〈行为〉])

当前提为真时，该规则将前提与一个行为结合起来，否则与另一个行为结合起来，并且用一个 −1 到 +1 之间的数字来表示在该前提下行为的可信程度。EMYCIN 提供了良好的用户接口，当用户对系统的某个提问感到不理解时，可以通过"WHY"命令向系统询问为什么会提出这样的问题。对于系统所作出的结论，也可以通过"HOW"命令向系统询问是如何得出这个结论的。这一点对于诊断系统极为重要，用户可以避免盲目地按照系统所提供的策略去执行。

2）基于框架的专家系统

框架是一种结构化表示方法，它由若干个描述相关事物各个方面及其概念的槽组成，每个槽又有若干个侧面，每个侧面又可拥有若干个值。基于框架的专家系统利用一组包含在知识库内的框架对工作存储区内的信息进行处理，通过推理机推导出新的信息（结论）。在基于框架的专家系统中，知识的表示形式为框架。框架不但提供了知识的描述性表示形式，还提供了规定目标如何工作的过程性知识。另外，在基于框架的专家系统中，推理过程遵守匹配和继承的原则，适合于面向对象的程序设计。

3）基于模型的专家系统

基于模型的专家系统采用基于模型的推理方法。基于模型的推理方法是根

据反映事物内部规律的客观世界的模型进行推理。有多种模型是可以利用的，如表示系统各部件的部分/整体关系的结构模型，表示各部件几何关系的几何模型，表示各部件功能和性能的功能模型，表示各部件因果关系的因果模型等。当然，基于模型的推理只能用于有模型可供利用的领域。

实际上，前面介绍的基于规则的专家系统和基于框架的专家系统都是以逻辑心理模型为基础的，采用的是规则逻辑或框架逻辑，并以逻辑推理为基础。目前研究较多的神经网络专家系统是一种基于神经网络模型的专家系统。专家系统开发工具 PESS 是一种基于逻辑心里模型、神经元网络模型、定性物理模型和可视知识模型的开发工具。PESS 支持用户将这些模型进行综合应用。

1.2　专家系统的设计

专家系统的构造和设计是知识工程的一个重要内容，其最终目标是设计一个具有专家级解决实际问题能力的智能软件系统。同其他软件系统的开发过程很类似，除了具备一般软件系统的开发方法之外，专家系统也有自己的开发方法[6-9]。下面简要介绍专家系统的开发方法。

1.2.1　专家系统的设计要求

在专家系统的开发中，要充分考虑系统的方便性、有效性、可靠性和可维护性。

（1）方便性：指专家系统为用户提供的方便程度，包括系统提示、显示方式、解释能力和表达形式。

（2）有效性：指系统在解决实际问题时的时空代价和解决问题的复杂度，包括知识种类、知识数量、知识表示方式和知识的适用方法等方面。

（3）可靠性：指为用户提供的答案的可靠程度和系统的稳定性。知识的有效性、系统的解释能力和软件的正确性是影响可靠性的关键因素。

（4）可维护性：指专家系统是否便于修改、扩充和完善。

1.2.2　专家系统的设计原则

由于考虑问题的因素和角度不同，设计专家系统的准则也不同。一般要求在设计专家系统时应遵守以下基本原则：

（1）知识库和推理机分离，这是专家系统设计的最基本原则。

（2）使用统一的知识表示方法，便于知识的处理、解释和管理。

（3）尽量简化推理机，把启发性知识尽可能独立出来，这既便于推理机的设计与实现，也便于对问题的解释。

J. A. Edosomwan 提出了设计专家系统的 10 条规则，主要包括：获得正确的知识库、建立知识库规程、合适的系统结构、合适的用户界面和解释结构、适当的响应时间、完整的说明书和设计文档、多用户的分时选择、系统内部有效的通信能力、提供自动程序设计和自动控制能力、灵活的系统维护和更新手段等。

1.2.3　专家系统的设计步骤

根据软件工程的生命周期方法，一个实用专家系统的开发类似于一般软件的开发方法，可分为需求分析、概念设计、逻辑设计、实现阶段和系统测试与完善等步骤。

1. 需求分析

针对具体的领域问题，知识工程师必须进行需求分析，确定问题的范围、类型、特征和预期的开发效益，明确系统的设计目标和用户的需求，分析问题的可行性和进度安排，确定系统开发需要的资源、人员、经费。

2. 概念设计

由于领域专家的知识大部分是经验性知识，有很大的不确定性，因此知识工程师必须对求解问题的知识概念化，确定概念间的关系，并对任务进行划分，确定求解问题的控制流程。概念化包括对问题和子问题、相关因素、解决方法、约束条件、问题答案的表示形式。

3. 逻辑设计

根据概念设计的结果，对概念、概念间的关系和领域知识设计知识的描述和表示形式，选择合适的系统结构，确定问题求解的推理技术和控制策略，进行专家系统的总体设计和详细设计，建立专家系统模型。

4. 实现阶段

选择适当的程序设计语言和系统开发工具，实现知识的形式化和各种算法。

5. 系统测试与完善

通过运行大量的实例，测试系统的正确性和系统性能。根据对系统测试中反馈信息的分析，进行必要的系统修改和完善。这一阶段包括重新认识问题、建立新的概念和关系、完善知识表示形式、丰富知识库和改进推理方法等。

专家系统的开发类似于传统软件开发的瀑布模型，各阶段逐步深化，不断完善，直到达到目标为止。

1.2.4　专家系统的开发方法

专家系统的开发是一个逐步发展、不断求精的过程，是一个不断完善的过程。专家系统的需求分析是一个不断完善的目标，决定专家系统性能的专门知识是逐步增加的，是增量式开发。增量式开发得益于专家系统的知识库和推理机分离的特点，当需要增加知识时，不需要修改知识库以外的部分。

在专家系统开发中，增量式开发方法可保证对基本功能的有效验证，有利于在整个开发过程中得到一系列日趋完善的原型系统，从演示原型开始，经过研究原型、领域原型、产品原型，最终建立商品化系统，这就是专家系统开发的快速原型法。

1. 演示原型

任何一个专家系统的开发都始于演示原型，它是一个能解决少量问题、知识量较少并且测试实例也很少的演示系统。演示原型在专家系统开发中有两个作用，其一是确信专家系统能有效地解决问题，其二是测定问题的定义、范围以及领域知识的正确性。

2. 研究原型

研究原型是一个包含较多知识、能运行较多测试实例的原型系统。通过运行测试实例，可充分说明领域问题的重要特点。

3. 领域原型

领域原型是对研究原型的改进，其系统运行得更可靠和更流畅，具有较好的用户接口，能满足基本用户的需要。在领域原型中知识量和可运行的测试实例都比研究原型多。

4. 产品原型

产品原型是经过广泛领域问题测试的原型系统，且系统的推理速度更快，存储空间较少，求解领域问题准确、快速，工作更可靠。

5. 商品化系统

商品化系统是一种投入实际运行的系统，能满足市场的要求。

总之，专家系统的开发是瀑布模型、增量式开发和快速原型方法三者的有机结合。

1.3　新一代专家系统

新一代专家系统是专家系统发展中的重要概念，也是本书的重要内容，它的基本概念和结构将贯穿本书的始终。为了进一步明确新一代专家系统的基本内容，便于本书其他章节的叙述，本节将对新一代专家系统的定义、特点进行必要的介绍。

1.3.1　新一代专家系统的定义

同计算机科学中其他学科的发展过程一样，在人工智能，特别是专家系统中，对一个新专业名词的定义很难，往往只有学科中的专家泰斗才能担当此任。在文献[10－13]中，专家学者们分别从不同的角度和不同的时间点对新一代专家系统进行了明确定义，反映了本学科当时的发展动向。可以看出，学者们站的角度不同，所处的时代不同，对新一代专家系统的定义也不同。

在本书中，作者认为新一代专家系统的定义主要要突出"新一代"的特性。"新一代"具有明显的时间特征，往往可能在一本书的写作中对专家系统的定义具有"新一代"的特点，但是从现在看来已经属于"普通的"专家系统了。对于新一代专家系统的每一个定义，都必须反映不同时代整个计算机科学的最新发展，也要反映人工智能学科，特别是专家系统的研究方向，还必须反映专家系统研究人员和用户对新一代专家系统的期待。

新一代专家系统的定义是一个与时俱进的过程，是一个不断推陈出新的过程。只有在新的时间节点上，勇于站在学科发展的最前列，及时准确地定义新一代专家系统，才能充分反映学科的最新发展。尽管对新一代专家系统作出定义的重任必须是本学科中的泰斗才能担当，但是在计算机科学，特别是人工智能学科飞速发展的情况下，目前还看不到一个能反映专家系统最新发展现状的定义。为了保证本书内容的完整性，作者斗胆对新一代专家系统作出以下粗略的定义。

定义 1.2　具有明显新技术、新方法和新思想特征的专家系统称为新一代专家系统。

根据定义，目前具有并行与分布处理、多专家系统协同工作、高级和知识语言描述、自学习、新的推理机制、纠错和自我完善能力、先进的人机接口等特征的专家系统就是新一代专家系统。

1.3.2 新一代专家系统的特点

自从第一个专家系统问世以来，专家系统在技术和应用方面都取得了巨大进展。但是，随着计算机科学和人工智能理论的快速发展，专家系统在应用领域不断扩展的同时，也暴露出了严重的不足。近年来，许多计算机科学家在充分讨论传统专家系统优缺点的同时，结合计算机技术的新思想和新技术，提出新一代专家系统的概念[4]。新一代专家系统与新型专家系统[14]有本质的差别，它具有以下 8 个主要特征。

1. 并行与分布处理

基于各种并行算法，采用各种并行推理和并行执行技术，适合在多处理器的硬件环境下工作，即具有分布式处理功能，这是新一代专家系统的一个显著特征。系统中多处理器既能同步并行工作，又能够进行异步并行处理。根据数据驱动和需求驱动方式，系统可实现分布在各个处理器上专家系统各部分间的通信和同步。

2. 多专家系统协同工作

协同式专家系统(Synergetic Expert System，SES)的概念是为拓宽专家系统解决问题的领域，使一些相关领域可用一个系统解决问题而提出的。所谓SES，是指知识库分布于计算机网络的不同节点上，或者推理机分布于网络中不同节点上，也可以是将推理机和知识库都分布在网络中不同节点上的专家系统，但是在进行问题求解时它们互相合作、互通信息，共同完成任务。多专家系统的协同式工作是在分布式环境中的工作，但是协同主要是强调多个专家系统之间合作求解问题的能力。

3. 具有自学习功能

知识获取一直是困扰专家系统应用的瓶颈，因此新一代专家系统应提供高级的知识获取与学习功能。这就要求专家系统能够根据知识库中的知识、专家系统的工作过程、有关领域的大量历史数据等，不断总结经验、归纳推理和挖掘知识，达到扩充知识库、增强系统解决问题能力的目的。

4. 引入新的推理机制

现有的专家系统大部分只能进行演绎推理。在新型专家系统中，除了能进行演绎推理之外，还要求能进行归纳推理、非经典逻辑推理、不确定推理，完善了推理机制。

5. 具有先进的人机接口

理解自然语言，实现语音、文字、图形和图像的直接输入和输出是当今智能计算机提出的基本要求，也是对新一代专家系统的重要期望。在这一方面既需要计算机软件技术的大力支持，又需要硬件技术的大力支持。先进的人机接口是新一代专家系统发展的必然要求。

6. 知识表示形式的多样化

在专家系统中既需要传统的表层知识，也需要深层知识。深层知识是指相关领域中的理论性知识，而专家的经验通常被称为表层知识。在目前大多数专家系统中，只强调专家经验性的知识，忽略了深层知识，这就导致设计的专家系统的求解问题能力非常有限。事实上，在许多情况下，表层知识和深层知识的有效结合才能进一步增强专家系统求解问题的能力，对推理结论的合理性做出更使人心服的解释。

7. 高级知识语言描述

知识工程师用一种高级专家系统描述语言对系统进行功能、性能和接口描述，并用知识描述语言描述领域知识，系统就能自动或半自动地生成需要的专家系统，包括知识库、推理机、解释机制、用户接口和学习模块。

8. 具有纠错和自我完善能力

系统必须有自动排错能力，要能识别错误，要有一个鉴别优劣的标准。具备以上能力后，随着时间的推移，经过反复运行和不断修改，系统的知识越来越丰富，推理能力越来越强。

1.4 新一代专家系统的研究

1.4.1 新一代专家系统研究的必要性

计算机科学的飞速发展，特别是 20 世纪 90 年代计算机网络的出现，为专家系统的发展和应用提供了良好的机遇。传统的专家系统，无论是在体系结构还是在时空分布上都突显出其自身的局限性。在计算机网络日益普及的今天，新一代专家系统的提出适应了计算机科学发展的需要。它从体系结构、推理方式、知识表示、知识获取与自学习、人机接口等诸多方面提出了新一代专家系统的总体特性，为专家系统的研究指明了方向。

新一代专家系统涉及专家系统建立中的各个方面，完全实现新一代专家系统所有特征是一项艰巨任务和长期目标，它需要从事计算机科学和人工智能研究的学者长期不懈的努力。本书结合网络故障管理的具体应用，从知识表示、知识获取、推理机制和自然语言接口等关键问题，对新一代专家系统展开研究。

本书1.4.3节从知识表示、知识推理、知识获取、自然语言接口和专家系统应用几个方面论述了新一代专家系统研究的意义。

1.4.2 新一代专家系统的研究现状

新一代专家系统的研究是在国家自然科学基金项目和陕西省教育厅专项科研计划项目的资助下完成的。作者在研究中查阅了大量的相关资料，这些资料可概括为两大类。

1. 新一代专家系统的研究现状

专家系统已成为人工智能理论中最成功的分支，广泛应用于各行各业。但是，这些专家系统的结构都遵循了40年前的结构模式，属于传统专家系统范畴，很少有理论上的突破。在理论上最成功的是模糊专家系统[15]，它在知识表示和推理方面引入了模糊知识表示和模糊知识推理。在《人工智能及其应用》一书中提出了新一代专家系统（新型专家系统）[4]的概念，同时该书作者又认为，新一代专家系统的研究和应用是一项长远而艰巨的任务，只有通过计算机科技人员的不懈努力才能完成。在《网络故障管理中的知识发现方法》一文中研究了基于数据挖掘的知识获取方法[16]，作者利用Apriori算法分析历史数据并获取知识，再经过人工方式将知识输入知识库。T. Oates对计算机网络故障现象的识别方法[17]进行了详细的介绍。一些计算机研究人员研究了神经网络和模糊知识在专家系统[18, 19]中的应用，但是其知识是以神经网络中神经元的连接和连接权的形式出现的，知识的可读性、理解性、对推理结构的解释性较差，并且对网络的训练要经过很长时间。

目前，关于新一代专家系统的研究和应用较少，还没有发现有关这方面研究的详细报道。

2. 新一代专家系统的应用

专家系统应用十分广泛，它已经成功地应用于农业、工业、教育、国防和科学研究的各个领域。只要有人类专家出现的地方，就有成功的专家系统。在计算机网络的搜索引擎中输入"专家系统"四个字，就有约27万个相关词条的中文网页；利用谷歌搜索到关于"Expert System"的相关词条有4370多万个。大到天气预报专家系统、人口普查专家系统，小到水稻栽培专家系统、西红柿栽培专家系统等，各种专家系统已遍布各个领域。

但是，新一代专家系统在计算机网络故障诊断方面成功的实例很少。在一些文献中[20, 21]，利用人工智能和网络分布管理技术，引入相应的协作代理，采集告警数据。Alexandre Bronstein[22]等将贝叶斯网络应用于基于业务网络管理中的故障诊断模块。业务诊断引擎将统计分析方法和贝叶斯网络相结合,对网络业务的状态作出评价和诊断。贝叶斯网络易于理解、预测效果好、对噪声不敏感,也可以处理空缺值数据,缺点是当变量数量增大时,网络规模迅速膨胀。

芬兰赫尔辛基大学的 M. Klemettinen、H. Mannila 等人开发的 TASA (Telecommunication Network Alarm Sequence Analyzer)[23, 24]是一个基于通信网络中告警数据库的知识发现系统。该系统的目的是利用处理告警序列的规则,进行告警过滤、告警关联处理,并用来预测故障。TASA 向我们展示了 KDD(Knowledge Discovery in Database,KDD)技术在通信网络管理系统中应用的可能性、有效性和先进性。但是,TASA 不能对推理的结果作出可信的解释,严格地说,它不是一个专家系统,仅仅在系统中用到了专家系统中知识库的概念。在大型计算机网络中,对推理结果的合理解释是十分必要的。

NIDES[25]是一个关于入侵检测的专家系统,它对用户使用网络的行为进行分析,检测非法用户的入侵,称为新一代网络入侵检测专家系统。但是,它并不是新一代专家系统,仅仅是前一个专家系统的最新版本,并不具有新一代专家系统的特征。

这些系统的结构都比较简单,其知识组织形式多为产生式规则,人机接口都是窗口和菜单形式。在一些系统中引入了不确定知识推理,有些系统就是一个具有知识库的软件系统,并不具有专家系统的特征。在计算机网络故障诊断方面,有关新一代专家系统的资料还没有发现。

1.4.3 新一代专家系统的研究意义

在本书中,对新一代专家系统研究的意义主要表现在以下几个方面。

1. 知识表示

知识表示一直是人工智能,特别是专家系统的重要组成部分。本书作者提出的扩展产生式规则主要解决新一代专家系统中知识表示的问题,它由灰色概念图和产生式规则组成,既便于对自然语言的理解和生成,又便于知识推理。其中灰色概念图是作者对传统概念图表示能力的进一步扩展,特别适合表示一些边界清晰,内涵模糊的知识。

2. 知识推理

在新一代专家系统中,一直强调知识推理的多样性。本书在灰色概念图和扩展产生式规则的基础上,研究了基于概念图的推理机制。在书中,作者提出了基于语义约束的匹配推理机制,设计了基于语义约束的匹配推理算法;对于

灰色概念图，定义了灰色匹配推理。灰色匹配推理对于模式识别、自然语言理解、专家系统的研究都有十分重要的意义

3. 知识获取

知识获取被认为是专家系统应用的主要瓶颈，任何方便、有效的获取知识方法对于专家系统的应用都非常重要。本书作者将数据挖掘技术同专家系统相结合，在专家系统中利用改进的 Apriori 算法[26]对大量的历史数据进行在线挖掘，较好地解决了专家系统的知识获取问题，增强了专家系统处理问题的能力。

4. 自然语言接口

自然语言是人类社会中最常用、最直接、最容易、最简单的交互方式。新一代专家系统打破传统人机接口模式，建立了基于限定汉语的自然语言接口，实现了对限定汉语语句的理解和生成，达到了方便用户使用、提高系统使用率的目的。

5. 专家系统应用

针对计算机网络越来越复杂、熟练的网络维护人员短缺的特点，作者建立了网络故障诊断专家系统。除了能进行网络故障诊断之外，该系统还是一个专业人员培训的良好工具，通过了解专家系统处理网络故障的过程，达到培训网络维护人员的目的。

1.5　专家系统在网络故障管理中的应用

本节首先对网络管理的基本概念进行简要介绍，然后重点论述在网络管理中引入专家系统的必要性。

1.5.1　网络管理的基本概念

最初的网络管理是对网络中单独设备的管理。到 20 世纪 80 年代末提出了网络管理的概念，IETF(Internet Engineering Task Force)为计算机网络制定了管理框架——SNMP(Simple Network Management Protocol)，奠定了网络管理的基础。

SNMP 至今已出现了 3 个版本。SNMPv1 采用集中管理模式，在早期规模较小的网络中经常使用。当网络扩大了，并且被管的设备类型和 SNMP MIB(Management Information Base)规模都增加时，SNMPv1 就不再适应管理的需求。RMON(Remote MONitoring)为 SNMPv1 引入了第一个简单的委托机制，

管理者可以委托简单的管理任务给 RMON 探测器，由探测器进行统计，减少管理数据的流动量。RMON MIB 就是 MIB Ⅱ，已经广泛被支持。1993 年 IETF 发布了 SNMPv2p，它包括一个新的管理协议和三个新的 MIB。SNMPv2p 通过一个新的协议原语——*inform* 和 M2M（Manager-to-Manager）MIB 来支持分布式管理。SNMPv2p＋M2M 主要针对分散的企业网络，但它的安全框架和 M2M MIB 难以实现，因此很少使用。后来 IETF 相继发布了 SNMPv2c 和 SNMPv2u，它们都用新的安全模型代替基于 *party* 的安全模型。SNMPv2c 采用了 SNMPv1 的基于 *community* 的安全模式，M2M MIB 和分布层次式的管理模式就不被支持，它被一些设备商支持，而 SNMPv2u 却很少使用。1998 年 IETF 发布了 SNMPv3，定义了新的 SNMP 管理框架，包括管理协议、管理模型和安全模型。SNMPv3 的主要目标是提供一个安全的 *set* 操作。SNMPv3 使用了新的安全方案，支持新的消息格式，使消息更安全、访问控制更严格，弥补了 SNMPv2 的不足。SNMPv3 还更好地描述了像 SNMP 中间层管理者那样的双重角色实体的工程细节，使得实现分布式管理成为可能。

按照 OSI 网络管理框架，网络管理系统包括五大管理功能，即配置管理、性能管理、故障管理、安全管理和计费管理。由于管理功能各自的特点不同，各管理功能采用的 AI 方法不同，实现智能化网络管理的技术也不相同。本书主要采用 AI 中的专家系统对计算机网络进行故障管理。

1.5.2　网络故障管理中引入专家系统的必要性

网络管理的基本功能包括故障管理、计费管理、配置管理、性能管理和安全管理。网络故障管理的主要任务是及时发现并排除网络故障，它是网络管理诸多任务中最重要的任务。一般来说，故障管理系统应该包括的基本功能：故障监测、故障报警、故障信息过滤和关联分析、故障报表查询、故障管理配置等。故障管理系统要求必须具备快速和可靠的故障监测、诊断和恢复功能。

目前计算机网络的规模越来越庞大，结构越来越复杂，并向着结构高度复杂化和大规模化方向发展，使得被管理网络资源呈现异构性和动态性，多设备、多介质、多协议已成为网络的一大特征。同时，网络系统的配置又是动态变化的，经常有一些新的设备扩充到网络中，网络管理系统应能在线地实现异构网络资源的集成[27, 28]。如何及时地发现故障、定位故障和恢复系统是一个十分艰巨的任务。但是，目前有经验的网络维护人员相当缺乏，人才的成本也很高，并且能够对网络所有设备及其软硬件精通也不太现实。今后随着网络的不断发展，这种矛盾会越来越突出。值得庆幸的是，人工智能学科的快速发展，特别是专家系统的一些研究成果为网络故障管理提供了最新机遇。针对网络的故障管理，建立一个专家系统，汇集网络中出现的各种故障信息和专家处理网络故障的经验性知识，组成知识库。当网络出现故障后，根据故障现象和知识库，推导出网络出现故障的原因，达到快速定位故障和故障恢复的目的。另外，一个高质量的专家系统，也可以成为培训网络维护人员的工具。

综上所述，在网络故障管理中引入专家系统，无论是对网络的故障管理，还是对网络维护人员的培训都是十分必要的。

1.6 本章小结

本章主要介绍了专家系统的基本知识和专家系统的开发方法，在此基础上又介绍了新一代专家系统的定义、特点以及对新一代专家系统的研究等问题，最后介绍了专家系统在网络故障管理中的应用。本章主要为后续各章的学习建立基本概念。

参 考 文 献

[1] 自然科学基金项目"基于数据融合的知识发现方法及其在网络管理中的应用"申请书[R]，2002.

[2] 自然科学基金项目"基于数据融合的知识发现方法及其在网络管理中的应用"结题报告[R]，2003.

[3] 刘培奇. 新一代专家系统知识处理的研究与应用[D]. 西安交通大学博士学位论文，2005.

[4] 蔡自兴，徐光祐. 人工智能及其应用[M]. 3 版. 北京：清华大学出版社，2004.

[5] 王永庆. 人工智能原理与方法[M]. 西安：西安交通大学出版社，1998.

[6] 王士同，陈慧萍，等. 人工智能教程[M]. 北京：电子工业出版社，2006.

[7] 尹朝庆，尹浩. 人工智能与专家系统[M]. 北京：中国水利出版社，2002.

[8] 朱福喜. 人工智能基础教程[M]. 北京：清华大学出版社，2011.

[9] Frederick Hayes-Roth, Donald A Waterman, Douglas B Lenat. Building Expert System[M]. Addison Wesley Publishing Company, Inc.，1983.

[10] 白素怀. 新一代专家系统的现状和未来[J]. 现代电子技术，1994，2(69)：52-54.

[11] 杨兴，朱大奇，桑庆兵. 专家系统的研究现状和展望[J]. 计算机应用研究，2007，24(5)：4-9.

[12] 黄朝圣，姚树新，陈卫泽. 浅谈专家系统的现状与开发[J]. 控制技术，2013，2：71－74.

[13] 蔡自兴，约翰·德尔金，龚涛. 高级专家系统：原理、设计及应用[M]. 北京：科学出版社，2005.

[14] 赵瑞清. 专家系统原理[M]. 北京：气象出版社，1987.

[15] 刘有才，刘增良. 模糊专家系统原理与设计[M]. 北京：北京航天航空大学出版社，1995.

[16] 刘康平. 网络故障管理中的知识发现方法[D]. 西安：西安交通大学博士学位论文，2001.

[17] Oates T. Fault identification in computer networks：Areview and a new approach[R]. University of Massachusetts at Amherst，Computer Science Department，1995，95－113.

[18] 王仕军，等. 一种用模糊—神经技术建造专家系统的方法[J]. 北京：计算机研究与发展，1994；31(5)：17－23.

[19] 吴秀清，等. 基于模糊神经网络的专家系统及应用[J]. 北京：计算机研究与发展，1998；35(9)：793－797.

[20] Terry L Janssen. Network expert diagnostic system for real-time control[C]. Proceedings of the second international conference on Industrial and engineering applications of artificial intelligence and expert systems，Vol. 1，Tullahoma，Tennessee，United States，1989，207－216.

[21] Luo Jianxiong，Bridgest Susan M. Mining fuzzy association rules and fuzzy frequency episodes for intrusion detection[J]. International Journal of intelligent systems，2000，Vol. 15，No. 8：687－703.

[22] Self-Aware Services. Using Bayesian Networks for Detecting Anomalies in Internet-based Services[R]. HP-Labs Tech report，HPL-2001-23R1，2001.

[23] Klemettinen M，Mannila H，Toivonen H. Interactive exploration of interesting findings in the Telecommunication Network Alarm Sequence Analyzer TASA[J]. Information and Software Technology，1999，41：557－567.

[24] Mannila H，Toivonen H，Verkamo A I. Discovery of frequent episodes in event sequences[J]. Data Mining and Knowledge Discovery，1997，1(3)：259－289.

[25] Anderson Debra，Frivold Thane，Valdes Alfonso. Next-generation Intrusion Detection Expert System（NIDES）A Summary. SRI-CSL-95-07，May 1995. http：//www . sdl. sri. com/ nides/reports/4sri. pdf.

[26] Han Jiawei，Kamber Micheline. 数据挖掘概念与技术[M]. 范明，孟小峰，等，译. 北京：机械工业出版社，2001.

[27] 顾冠群，罗军舟，费翔. 智能集成网络管理[J]. 北京：中国金融电脑，1998，6(107)：9 - 12.

[28] 杨锐，白英彩. 网络管理专家系统研究[J]. 沈阳：小型微型计算机系统，1997，8(2)：15 - 20.

第 2 章　概念图知识表示

在人工智能学科的研究中，知识表示是一个十分重要的研究领域。知识表示就是研究一种在计算机中易于存储、易于理解、易于知识推理和易于程序设计的知识表示方法。本章在常用知识表示方法[1]基础上，首先对概念图进行了形式化和理论化，针对网络故障专家系统中的自然语言理解和故障诊断问题，介绍了模糊概念图、灰色概念图、扩展产生式规则知识表示[2, 3]以及灰色概念图知识表示的一致性等问题。

2.1　知识表示

人工智能系统是一个基于知识的系统，系统中的知识量决定了系统功能的强弱。英国哲学家和自然科学家 Bacon(1561—1626 年)在 400 年前的著名警句"知识就是力量"还远远没有过时。无论是问题和系统的任务描述还是推理决策都离不开知识。因此，知识表示方式是人工智能的核心问题，而且已经形成了一个独立的子研究领域。所谓知识表示，是为描述现实世界的一组约定，是知识的符号化过程。针对一个给定问题，知识表示是研究该问题的一种等价表示方法，其主要目的是消除原始问题中与问题求解无关的、不重要和冗余信息，抓住问题的核心，使对该问题的程序设计简单化，便于问题的求解。

知识表示还没有统一的严格定义。准确地说，知识表示是对原始问题简化表示的一种抽象方法。在本书中，将知识表示定义为

定义 2.1　知识表示是知识保持运算特性的映射。

在知识表示中，常用到两种重要的映射：同态和同构[3]。同态是对问题表示的一种简化，而同构可以改变问题的表示方法。

设有两个问题 $P_1 = (Q_1, F_1)$ 和 $P_2 = (Q_2, F_2)$，其中 Q_1 和 Q_2 分别是问题 P_1 和 P_2 中出现的事实集合，F_1 和 F_2 分别是 Q_1 和 Q_2 中的某种二元关系。如果存在一个满射

$$g: Q_1 \rightarrow Q_2$$

使得对于任何偶对

$$\langle q_i, q_j \rangle \in F_1 \Leftrightarrow \langle g(q_i), g(q_j) \rangle \in F_2 \qquad (q_i, q_j \in Q_1)$$

即 F_1 和 F_2 之间也存在一个满射

$$h: F_1 \to F_2$$

则称 P_2 是 P_1 的同态问题，P_1 是 P_2 的原始问题，g 是从 P_1 到 P_2 的同态映射。如果 g 是一个一一满映射，则称 g 是一个同构映射。原始问题有解蕴含着同态问题有解，同构问题有解等价于原始问题有解。因此同态映射是一个偏序关系，而同构映射是一个等价关系。

　　同态映射是一种重要的科学概念和方法，它可以将一个复杂的问题进行科学抽象，忽略一些次要因素，抓住问题的核心，简化问题的求解过程。利用同态映射可保持运算特性的这个性质，往往可将一个十分复杂的问题经过同态映射后变为一个相对简单的问题，找出简化问题的解答，然后再经过同态映射的逆映射就得到原始问题的答案。这就是人工智能研究中广泛使用的求解问题解答的基本原理。同态映射和同构映射也是知识表示方法研究的理论依据之一，知识表示的过程就是映射方法的设计过程。在人工智能中，对知识表示方法的要求有：

　　（1）**正确性**：要求表示方法能正确地反映原始问题的本质。

　　（2）**简洁性**：知识表示方法必须简单，易于存储和程序设计。

　　（3）**准确性**：要求表示的知识是无二义性的。

　　（4）**表示能力**：能正确地、有效地将问题求解所需的各类知识表示出来。

　　（5）**可理解性**：要求所表示的知识易读、易懂，便于知识获取和知识库的维护。

　　（6）**可访问性**：能有效地利用知识库中的知识。

　　知识表示与知识的分类有密切的关系。常见的知识类型有[4]：事实性知识、过程性知识、行为性知识、实例性知识、类比性知识和元知识。其中，元知识又称为关于知识的知识，它经常以控制知识的形式出现。

2.2　常用的知识表示方法

　　知识表示方法是研究系统中知识的组织形式，强调表示和控制之间的关系，表示与推理及其他研究领域的关系。知识表示与问题的性质和推理控制策略有密切关系。任何一个给定的问题都有许多等价的表示方法，但它们可产生完全不同的效果。目前，知识表示方法有状态空间、与或图、谓词逻辑、产生式规则、语义网络、框架、剧本等[2,4,6,7]。本节将对几种典型的知识表示方法进行简要介绍。

2.2.1 状态空间表示法

在人工智能理论中，许多问题的求解过程都采用了试探搜索的方法，它通过在某个可能的解空间内找到一个可接受的解进行问题求解。这种基于解答空间的问题表示和求解方法就是状态空间法。状态空间表示法是人工智能中最基本的形式化方法，是以状态和操作为基础进行问题求解和问题表示的，是讨论其他形式化方法和问题求解技术的出发点。所谓状态，就是为描述某一类事物中各个不同事物之间的差异而引入的最少的一组变量 $q_0, q_1, q_2, \cdots, q_n$ 的有序组合，它常表示成矢量形式：

$$\boldsymbol{Q} = [q_0, q_1, \cdots, q_n]^T$$

其中，元素 $q_i (i=0, 1, 2, \cdots, n)$ 叫做分量，q_i 的定义域为 $[a_i, b_i]$，T 为转置运算。状态的维数可以有限，也可以无限。给定每个分量值 q_{ik}，就得到一个具体状态：

$$\boldsymbol{Q}_k = [q_{0k}, q_{1k}, \cdots, q_{nk}]^T$$

状态还可以表示成多元数组 $(q_0, q_1, \cdots, q_n)$ 或其他方便使用的形式。

引起状态中的某些分量发生改变，使问题由一种状态变化到另一种状态的过程称为操作。操作可以是一个过程、规则或算子，它描述了状态间的关系。状态空间可定义为 4 元组 (S, B, F, G)，其中，

$S = \{Q_1, Q_2, \cdots, Q_n\}$ 为问题的所有可能的状态集合；

$B: B \subseteq S$ 为问题的所有可能的开始状态集合；

$F = \{f_1, f_2, \cdots, f_m\}$ 为操作集合。其中 $f_i (i=1, 2, \cdots, m)$ 为操作

$$f_i: Q_i \rightarrow Q_j, (Q_i, Q_j \in S)$$

$G: G \subseteq S$ 为目标状态集合。

对于状态空间表示法，问题的求解过程是从初始状态集合出发，经过一系列的操作，将初始状态变换到目标状态的过程。在问题求解中，每增加一次操作，就要建立起操作符的试验序列，直到达到目标状态为止。由于状态空间法需要扩展过多的节点，容易出现"组合爆炸"，因而只适用于表示比较简单的问题。

2.2.2 产生式规则

产生式规则源于 E. Post 提出的产生式系统，用规则序列的形式描述知识，随后经过不断发展，特别是在规则的推理和控制结构上进行了改进，目前已经成为一种重要的知识表示方法。在目前的产生式规则中，规则的前提和结

论都有许多复杂的表示形式。产生式规则表示的形式为

IF　前提　THEN　结论

产生式规则的基本思想是模式匹配，它从初始事实出发，用模式匹配的方式查找匹配的产生式规则。如果已知事实能够使规则前提为真，则该规则被激活，推出新的事实；否则，查找下一条规则。依次类推，直到得到结论为止。

产生式规则是人工智能中常用的知识表示方法，在医疗诊断、地质勘探等领域有广泛的应用。产生式规则最大的优点是知识的模块化、一致性和自然性较好，知识易于理解，便于知识库的维护，方便操作；最大缺点是推理效率低和难于跟踪控制流。

2.2.3　语义网络

语义网络是 Quillian 在 1966 年提出的一种人类认识自然界的心理模型，因其有很强的逻辑推理能力，受到人工智能界的广泛关注。目前，语义网络已成为人工智能中的一种重要的知识表示方法。

语义网络是一种基于广义图的知识表示方法，图中的各个节点代表某些概念、实体、事件、状态，节点之间的弧或超弧表示节点间的作用关系。弧上的说明可根据所表示的知识进行定义，它表达了谓词逻辑中的谓词。语义网络的解答是一个经过推理和匹配而得到的具有明确意义的新语义网络。语义网络可表示多元关系，扩展后可表示更复杂的问题。

语义网络的主要优点：实体的结构、属性和关系可显式表示，便于以联想的方式对系统解释；问题表达得更加直观和生动，适合知识工程师和领域专家进行沟通，符合人类的思维习惯；与概念相关的属性和联系组织在一个相应的结构中，易于实现概念的学习和访问。同时，语义网络也存在一定的缺点，如推理效率低、知识存取复杂等。

2.2.4　框架

1974 年，M. Minsky 提出了框架(Frame)的概念。在有关事物知识表示时，框架可以表示事物各方面的属性、事物之间的类属关系、事物的特征和变异等。目前，框架已发展成一种有效的知识表示方法，它不仅在识别、分析、预测事物及其行为方面有很大用处，而且框架理论已经在许多系统中得到了应用。

框架是一种存储以往经验和信息的通用数据结构形式，是一种结构化表示方法。在这样的结构中，新的信息可以用过去经验中的概念来分析和解释。框架通常采用"节点—槽—值"表示结构，也就是说，框架由描述事物的各个方面的若干槽组成，每个槽有若干侧面，每个侧面有若干值。框架中的附加过程利

用系统中已有的信息解释或计算新的信息。框架的形式表示为

〈框架名〉

〈槽 1〉：〈侧面 11〉（值 111，值 112，…）（缺省值）

〈侧面 12〉（值 121，值 122，…）（缺省值）

⋮

〈槽 i〉：〈侧面 i1〉（值 i11，值 i12，…）（缺省值）

〈侧面 i2〉（值 i21，值 i22，…）（缺省值）

⋮

〈侧面 im〉（值 im1，值 im2，…）（缺省值）

⋮

〈槽 n〉：〈侧面 n1〉（值 n11，值 n12，…）（缺省值）

〈侧面 n2〉（值 n21，值 n22，…）（缺省值）

⋮

〈附加过程〉

在知识的框架表示中，框架的槽值可以是另一个框架，并且在一个框架中可以有几个不同的框架槽值，知识的这种表示称为框架嵌套。通过框架嵌套结构，形成以框架为节点的树型结构。在框架的树型结构中，树的每一个节点是一个框架结构，父节点和子节点间用 ISA 或 AKO 槽连接。框架的一个重要特性就是其继承性。所谓框架的继承性，就是当子节点的某些槽值或侧面值没有直接赋值时，可从其父节点继承。

框架的树型结构和框架的继承性使框架知识表示的存储量比其他知识表示方法小。框架实际上是一种复杂的语义网络，它对描述比较复杂的对象特别有效，并且知识表示结构清晰，直观明了。此外，框架知识表示不仅能表达静态的陈述性知识，也可通过框架之间的连接表示一种过程性知识。

2.2.5 剧本

剧本是框架的一种特殊形式，它用一组槽描述某些事件发生的序列，就像一出剧中每个场次出现的顺序一样，故将这种表示方法称为剧本。不同的是，剧本所表达的不是一种完全通用的结构，它的各个槽和侧面已有固定意义。

在一个剧本中应包含以下成分：

（1）进入条件：描述了事件发生前应满足的条件。

（2）结局：在剧本中描述的事件出现后所产生的结果。

（3）道具：表达了与剧本描述有关的对象。

（4）版本：表示一些和这个剧本所表示的事物同属一类事物的变种。同一

剧本的不同版本往往有许多相同的部分，但不是全部。

（5）场次：发生事件的实际序列。

剧本只提供了一个框架式结构。在具体应用前，应根据环境对剧本中槽值赋值，这个过程称为剧本预先准备。在一个剧本中，场次描述了在一个特定的环境下将要发生的一系列有前后、因果关系的事件，因此它能帮助预见未被直接观察到的事实，也可以对一组观察事实进行解释。

由于剧本结构的特殊性，与框架理论相比剧本要呆板得多，知识表示的范围也很窄。但是对一些特定领域，尤其是表达预先构思好的特定知识，剧本表示非常有效。

2.3　概　念　图

概念图是美国计算机科学家、IBM 公司研究员 John F. Sowa 提出的一种新的知识表示方法[8, 9]，它是集语言学、心理学和哲学为一体的图形表示。同其他知识表示方法相比，概念图不但可以表示一阶逻辑，还可表示高阶逻辑和模态逻辑等，在自然语言之间形成自然映射，是目前自然语言理解中的最佳知识表示。自从 Sowa 提出概念图知识表示方法以后，受到人工智能界的普遍关注，B. J. Granet 与 E. Tsul 等人已经证明概念图是一种更加优秀的知识表示方法。本节首先介绍概念图的基本概念，然后重点对概念图进行了形式化和理论化。

2.3.1　概念图的基本概念

概念图是在语义网络的基础上发展起来的一种基于图形的知识表示方法。在一些现有的文献中对概念图的概念[10]和它的存储形式[11, 12]都有介绍，但它们都没有给出严格的定义。在本书中，我们将概念图直观地定义为

定义 2.2　概念图是由概念节点和关系节点组成的有限、弱连通、有向二分图。图中的有向弧表示节点间的作用关系。

在概念图中用到两种基本节点：概念节点和关系节点。概念节点表示研究领域中的一个具体概念，也可以是抽象概念、实体、属性等。概念节点由概念的类型标识符和概念标识符的所指域组成，概念类型与概念所指域用冒号分开，例如 Cat：* 和 Red 分别表示"一只猫"和"红色"的概念的类型标识符。概念图中的关系节点用关系标识符表示。关系节点揭示了概念图中概念节点之间的相互关系，例如 Agnt 和 Obj 分别表示"动作的发出者"和"动作的承受者"关系标识符。在概念图中概念节点用矩形框中的概念标识符表示，关系节点用圆中的关系标识符表示。概念图中的有向弧表示节点间的作用关系。例如，语句

"A cat eats meat with paw"的概念图如图2.1所示。

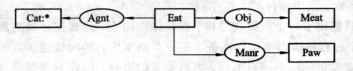

图2.1 自然语言语句的概念图表示

在图2.1中，关系标记 Agnt 为 Agent 的缩写，表示 Eat 的动作发出者；Obj 为 Object 的缩写，表示 Eat 的动作承受者；Manr 为 Manner 的缩写，表示 Eat 发生的方式。概念标记 Cat：* 表示任意一只猫，Eat、Meat 和 Paw 分别表示吃、肉和爪子。

对于比较复杂的语句，概念节点可能是另一个完整的概念图，这就是概念图的嵌套表示法，它可以表示一个从句、引语等。例如，语句"Mary and John read a book that it was written by Sowa in 1984"的概念图如图2.2所示。节点 Book 间的连接线，表示它们属于同一概念。根据图2.2，可以将概念图定义为

定义 2.3 概念图是一个有限、弱连通的有向图。图中的节点由概念图节点、概念节点和关系节点组成；有向弧表示节点间的作用关系；双向虚线为概念的同一表示。

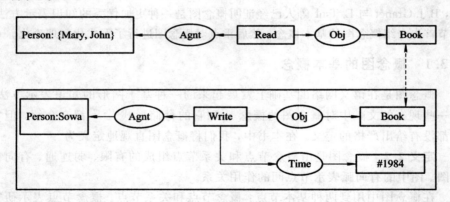

图2.2 概念图的嵌套表示

所谓"同一"就是表示这两个概念是同一个概念。在图2.2中，Book 概念节点之间的虚线就说明图中的两个 Book 为同一个 Book。通过对图2.1和图2.2的研究不难看出，若将关系节点看作概念节点之间的转换条件，则参考自动机的定义可将概念图形式化地定义为一个4元组[2]。

定义 2.4 概念图 CG 是一个4元组：

$$CG=(CS, RS, \delta, P)$$

其中

CS：$\{c_1，c_2，\cdots，c_n\}$ 为概念节点集合，$c_i(i=1，2，\cdots，n)$ 为概念；

RS：$\{r_1，r_2，\cdots，r_m\}$ 为关系节点集合，$r_j(j=1，2，\cdots，m)$ 为关系；

$P=\{c\,|\,c\in\mathscr{P}(\mathrm{CS})\wedge|c|\leqslant1\}$ 为概念节点组成的单元素集合，表示映射结果，其中 $\mathscr{P}(\mathrm{CS})$ 为概念节点的幂集；

$\delta：\mathrm{CS}\times\mathrm{RS}\rightarrow P$ 为概念节点间的映射关系。

例如，在图 2.1 中，概念集合为 $\mathrm{CS}_u=\{\mathrm{Cat}，\mathrm{Eat}，\mathrm{Meat}，\mathrm{Paw}\}$，关系集合为 $\mathrm{RS}_u=\{\mathrm{Agnt}，\mathrm{Obj}，\mathrm{Manr}\}$，$P_u=\{\{\mathrm{Eat}\}，\{\mathrm{Meat}\}，\{\mathrm{Paw}\}\}$，映射 δ_u 如表 2.1 所示。

表 2.1　映射 δ_u 表

RS_u ＼ CS_u	Cat	Eat	Meat	Paw
Agnt	φ	\{Cat\}	φ	φ
Obj	φ	\{Meat\}	φ	φ
Manr	φ	\{Paw\}	φ	φ

图 2.1 和图 2.2 为概念图的显式表示形式。显式表示的特点是表示结果直观、形象、易于理解，但难于在计算机中进行信息处理。一般用方括号代替概念节点的矩形框，用圆括号代替关系节点的圆形，称这种表示形式为概念图的线性形式表示。概念图的线性形式表示易于在计算机上输入和处理。图 2.1 可线性形式表示为

$$[\mathrm{Eat}]—(\mathrm{Agnt})\rightarrow[\mathrm{Cat}：*]$$
$$(\mathrm{Obj})\rightarrow[\mathrm{Meat}]$$
$$(\mathrm{Manr})\rightarrow[\mathrm{Paw}].$$

显然，概念图表示方法除了能表示自然语言中的基本语法关系 AGNT 和 OBJ 之外，还能表示像 MANR 这样的深层次格关系，并且概念图与自然语言之间是一种自然映射。但是概念图表示方法不利于模块化(Modularity)，在知识组织和程序设计中比较困难。

2.3.2　概念图的类型理论

在概念图中，概念节点和关系节点都有类型。所谓类型就是将具有相同特征的事物进行聚类。我们将类型定义为

定义 2.5　类型是具有相同特征事物的集合，具有共同特性的类型组成超类。

类型强调了事物间的相同特征，它将具有共同特点的个体对象归为类，把具有共同特点的类集合组成超类。类型理论直接来源于数学学科，其基本思想和方法学基础来源于哲学中的归类，是一种思维过程和思维方法。归类是形成概念的先决条件之一。概念是反映事物本质属性的思维形式，概念有内涵和外延之分，概念的内涵是一个概念对象本质属性的反映，而外延是指具有概念所反映的本质属性的每一个对象。概念越抽象，概念的内涵越大；概念越具体，概念的外延越大。

在概念的类型理论中，项是被赋值的最小单位。具有相同性质和结构的项集合形成类型，具有相似性质的类型集合构成超类型。项隶属于类型，类型隶属于超类型等。

2.3.3　概念类型格

在类型理论中，通过对概念的划分和归类，形成了概念的层次关系。例如，在生物学的类型划分中，犬是犬科的子类，犬科是食肉目的子类，食肉目是哺乳纲的子类，哺乳纲是脊索动物门的子类，这就形成了动物的类层次。在类层次中，犬比犬科更具体，而犬科比犬更抽象，这种关系可形式化地定义为

定义 2.6　在概念的类型理论中，如果概念 c_1 比概念 c_2 更具体，概念 c_2 比概念 c_1 更抽象，则称概念 c_2 是概念 c_1 的超类，概念 c_1 是概念 c_2 的子类，记为 $[c_1] \leqslant [c_2]$。

定义 2.6 中的等号发生在两个概念有相同的概念类标识符时，有如下定义。

定义 2.7　设有概念集合 C 和类型集合 T，$\forall c_1 \in C$，$\forall c_2 \in C$，存在映射 type，

$$\text{type}：C \to T$$

使得 $\text{type}(c_1) = \text{type}(c_2)$ 成立，则称概念 c_1 和 c_2 是同一类型概念，即 $[c_1] = [c_2]$。

概念的类型层次形成了概念的偏序关系。

定理 2.1　对于概念集合 C 和关系 $\leqslant$，$<C、\leqslant>$ 为偏序集。

证明：设 C 为概念集合，c_1，c_2，$c_3 \in C$，按照关系"$\leqslant$"的定义，有① $[c_1] \leqslant [c_1]$ 显然成立，所以 $\leqslant$ 是一种自反关系；② 若 $[c_1] \leqslant [c_2]$，且 $[c_2] \leqslant [c_1]$，则 $[c_1] = [c_2]$，所以"$\leqslant$"是反对称的关系；③ 若 $[c_1] \leqslant [c_2]$，且 $[c_2] \leqslant [c_3]$，则 $[c_1] \leqslant [c_3]$，所以"$\leqslant$"是传递关系。由偏序集的定义知 $<C、\leqslant>$ 为偏序集。■

定义 2.8　任何两个概念类标识符 s 和 t 有最小公共超类型，记作 $s \sqcup t$。对于类型标识符 u，如果 $u \geqslant s$ 并且 $u \geqslant t$，则 $u \geqslant s \sqcup t$。

定义 2.9　任何两个概念类标识符 s 和 t 有最大公共子类型，记作 $s \cap t$。对于类型标识符 u，如果 $u \leqslant s$，并且 $u \leqslant t$，则 $u \leqslant s \cap t$。

定义 2.10　称包罗万象的本原概念类标识符 $\top$ 为泛类型，不可能存在的本原概念类标识符 $\bot$ 为空类型。对于任意的概念类型标识符 u，有 $\bot \leqslant u \leqslant \top$。

例如，猫和狗有许多公共超类型，包括动物、脊椎动物、哺乳动物和食肉动物，猫和狗的最小公共超类型是食肉动物，这是所有其他超类型的子类型。猫科动物和野生动物的公共子类型是美洲豹、狮子和老虎，但它们中没有一个是最大公共子类型。

定理 2.2　对于概念集合 C 和关系 $\leqslant$，$<C、\leqslant>$ 为类型格（Type Lattice）。

证明　略。■

类型格是概念图匹配推理的基础。

2.3.4　正则图

正则图是一种重要的概念图。在知识表示和专家系统中，正则图可以是对知识的一种表示形式，也可能是驱动专家系统进行推理的工作图，或者是专家系统的推理结果。我们可以将正则图定义为

定义 2.11　称规范的有实际意义的概念图为正则图（Canonical Graph）。

可以看出，正则图是一个有实际意义的概念图。例如概念图[10, 13]

$$[Sleep] \leftarrow (Agnt) \leftarrow [Idea] \rightarrow (Color) \rightarrow [Green]$$

表示了 Sleep，Idea 和 Green 之间的关系。这 3 个概念之间没有任何关系，没有表示出任何意义，所以它不是正则图。在概念图知识表示中，得到正则图是非常重要的。形成正则图的常用方法为[11]

（1）感知法：通过专家的人工观察得到正则图。

（2）组合法：利用现有的概念图进行合理装配得到正则图。

（3）系统法：用 Copy，Restrict，Join 和 Simplify 构成规则[9]，由正则图生成新的正则图。其中，构成规则可详细表述为

① Copy 规则：正则图的准确 Copy 仍为正则图。

② Restrict 规则：在正则图中，用概念类型的子类标识符代换正则图中的概念类型标识符，或用概念图中的个体概念代换一般概念后的新概念图是正则图。

③ Join 规则：两正则图中的相同概念节点合并后生成的概念图是正则图。

④ Simplify 规则：在以上规则生成的正则图中消除冗余部分后仍是正则图。

图 2.3 是正则图应用构成规则的过程[13, 14]。其中(a)是经过 Copy 得到的两个正则图;由于 Girl≤Person,所以将 Person 限制到 Girl 后,得到(b);然后将(b)中相同的概念 Eat 进行合并,对于 Girl 和 Girl:sue 两个不完全相同的概念取较小的个体子类 Girl:sue,得到正则图(c);将重复的关系 Agnt 只保留一个,得到(d)。图(d)就是经过构成规则形成的正则图。

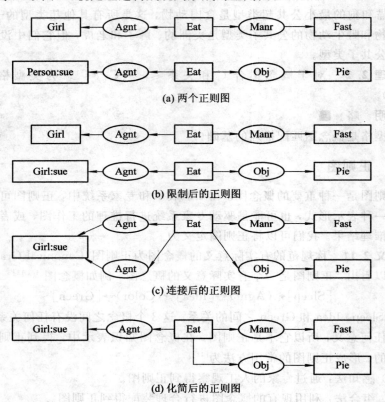

图 2.3 正则图的生成过程

可以看出,正则图的构成规则是生成正则图的有效方法。在基于概念图知识表示的专家系统和自然语言理解系统中,利用这些构成规则可以不断地扩充正则图知识库,丰富系统知识,提高系统辨识自然语言语义能力,增强专家系统的推理能力。

2.4 模糊概念图

1987 年,S. Morton 博士在他的博士论文中提出了模糊概念图理论[15],其目的是用概念图表示不确定性知识。后来，V. Wuwongse 和 M. Manzano 两人在加拿大魁北克省举行的 1993 年概念图知识表示的年会上发表的论文中，对模糊概念图进行了完整的论述[16]。在应用方面 Philippe Mulhem 等人将模糊概念图成功地应用于实物景象处理，并取得了良好的实际效果[17]。

2.4.1　模糊集合的基本概念

L. A. Zadeh 在普通集合特征函数的基础上，提出用隶属函数的思想描述一个元素属于某一集合的程度，这种程度用一个闭区间[0，1]中一个具体数字表示，定义为[18，19]

定义 2.12　设在论域 U 上定义了一个映射 $\mu: U \rightarrow [0，1]$，则 μ 定义了 U 上的一个模糊子集，记为 A。μ 被称为 A 的隶属函数，记为 μ_A。

对任意元素 $u \in U$，$\mu_A(u)$ 的值称为元素 u 对于模糊集 A 的隶属度，它表示 u 属于 A 的程度。当 $\mu_A(u) = 1$ 时，u 是 A 的元素；当 $\mu_A(u) = 0$ 时，u 不是 A 的元素。$\mu_A(u)$ 越接近 1，元素 u 属于 A 的程度越大。显然，特征函数是隶属函数的一种特殊情况，普通集合可以看作模糊集合的极端现象。

为了简便，将模糊子集简称为模糊集合，将 $\mu_A(u)$ 记为 $A(u)$。$F(U)$ 称为论域 U 上的模糊幂集，是 U 上的所有模糊子集组成的集合，是一个普通集合。

在模糊集合中常用 Zadeh 表示法、序偶表示法、向量表示法、积分表示法，具体表示方法详见有关文献[19，20]。

2.4.2　模糊概念图的定义

为了便于模糊不确定性知识的处理，Morton 将模糊度引入到概念图的表示中[15]，在一定程度上反映了概念和关系的模糊程度。

定义 2.13　对于实体的子类 L_e 和标记集合 I，对应于现实世界中的实体，概念 c 的模糊度 f 是一个偏函数：

$$f: L_e \times I \rightarrow [0，1]$$

概念 c 就可以表示成

$$[t: x \mid f]$$

其中 $t = \text{type}(c)$，$t \in L_e$；$x = \text{referent}(c)$，$x \in I$。当概念所指域不确定时，即所指域为"*"时，函数 f 不能被指定给概念类 c，直接表示为 $[t: x]$。

定义 2.14　关系 r 可以表示为

$$(\text{type}(r) \mid \mu)$$

其中 μ 指连接在关系 r 上的概念满足关系的程度。

当 f 或 μ 省略时，则认为概念或关系为确定的，此时默认 f 和 μ 值为 1。模糊概念图就可以用带有模糊度的概念和关系节点的集合，以及概念和关系的映射关系组成。

定义 2.15 模糊概念图是一个由模糊概念、模糊关系和模糊关系属性组成的三元组 $G(C, R, A)$。其中，C 为模糊概念集合，R 为模糊关系集合，A 为模糊关系属性集合。

对于任意的概念类型 $c \in C$，c 是一个三元组 $[T, e, f]$，其中 T 是概念类型 t_i 组成的集合，e 为概念的所指域，f 是每个概念的模糊隶属函数，$0 \leqslant f(t_i) \leqslant 1$。有的文献[16]将函数 f 称为对概念类型 t_i 的度量。在实际应用中，$f(t_i)$ 可以按照概念类型 t_i 的信任度进行计算。在模糊概念图中，对于清晰概念类型和模糊概念类型可以按相同方法进行处理。如果概念类型 c 是一个清晰概念，就可将该概念类型看做一种特殊的模糊概念类型，该概念集合 T 仅由具有隶属函数 $f(t)=1$ 的概念类型 t 组成。为了记号统一，将清晰概念类型记为三元组 $[t, e, 1]$。

在模糊概念图中还有一种重要的成分，它就是模糊关系 $r \in R$。模糊关系 r 是一个二元组 (t, μ)，其中 t 为关系类型，μ 为关系 r 在概念图中出现的概率所形成的模糊值。同模糊图论很类似，在模糊概念图的推理和匹配中提供一个阈值，当一个模糊概念类型的模糊值小于阈值时，概念图中的对应关系及关系所指的概念就从概念图中略去。清晰关系是模糊关系的一个特殊类型，它的模糊值 $\mu=1$。也就是说，清晰关系是一个 $\mu=1$ 的模糊关系，记为 $(t, 1)$。

关系属性是对概念图中概念节点的扩展，用来描述关系的特性，是一种特殊的概念节点。在概念图中，关系属性用关系节点指向的一个矩形中的关系属性类型表示。在模糊概念图中，模糊关系属性是一个三元组 (t, e, f)，其中 t 是模糊关系属性的类型，e 为模糊关系类型的所指域，f 为模糊关系属性的隶属函数。对于任意的模糊关系属性，模糊隶属函数为 $0 \leqslant f(e) \leqslant 1$。清晰关系属性是一类特殊的关系属性，其隶属函数值为 $f(e)=1$，记为 $(t, e, 1)$。

在 MORTON 的表示方法中，用模糊度反映了一些概念和关系的模糊不确定性。但是可以看出，对于有些模糊概念，这种方法很难用一个模糊度表示其模糊不确定的程度。例如，命题"A boy called Tom is young"可线性表示为

$$[\text{Person：Tom}] \rightarrow (\text{Age}) \rightarrow [\text{Young} \mid f]$$

其中，模糊概念 $[\text{Young} \mid f]$ 很难用一个确切的 Age 体现 $[\text{Young}]$ 的模糊程度。鉴于这种现象，可用模糊集合表示概念和关系的模糊程度。

定义 2.16 设 L_e 是实体的子类，I 为标记集，模糊概念 c 可表示为

$$[t：y \mid \underset{\sim}{A}]$$

其中，$t = \text{type}(c)$，$t \in L_e$；$y = \text{referent}(c)$，$y \in I$；$\underset{\sim}{A}$ 是一个模糊集。在有限论域中 $\underset{\sim}{A} = \sum \mu(x_i)/x_i$，$i = 1, 2, \cdots, n$；对于无限论域 $\underset{\sim}{A} = \int \mu(x)/x$，$x \in U$。模糊集 $\underset{\sim}{A}$ 中的 x_i 或者 x 是模糊概念 c 论域中的元素；$\mu(\cdot)$ 表示 x_i 或 x 属于 c 的程度，为 x_i 或 x 的函数。如果概念的所指域不确定，所指域记为"＊"，模糊论域可省略。

定义 2.17　模糊概念关系表示为

$$(\text{type}(r) \mid \underset{\sim}{A})$$

其中，$\underset{\sim}{A} = \sum \mu(r_i)/r_i$，$i = 1, 2, \cdots, n$；$r_i$ 是关系 r 的论域中的元素；$\mu(r_i)$ 是 r_i 属于 $\underset{\sim}{A}$ 的程度，也可以表示 r_i 属于关系 r 的程度。

定义 2.18　对于模糊概念图中的非模糊概念和关系，模糊集 $\underset{\sim}{A} = 1/\text{True} + 0/\text{False}$，其中论域为 $U = \{\text{True}, \text{False}\}$。

参考传统概念图表示形式，模糊概念图可形式化定义为

定义 2.19　模糊概念图（Fuzzy Conceptual Graphs，简称 FCG）可用三元组表示为

$$\text{FCG} = (F_c, F_r, F_f)$$

其中，$F_c = \{c_1, c_2, \cdots, c_m\}$ 为模糊概念集合，c_i 对应的概念节点为 $[\text{type}(c_i)：\text{referent}(c_i) \mid \underset{\sim}{A}]$，其中 $\underset{\sim}{A} = \sum \mu(x_i)/x_i$，$i = 1, 2, \cdots, n$ 或 $\int \mu(x)/x$，$x \in U$，表示概念 c_i 模糊度。当 c_i 为非模糊概念时，默认 $\underset{\sim}{A}$ 模糊集的论域为 $\{\text{True}, \text{False}\}$，而且 True 的隶属度为 1，False 的隶属度为 0，此时模糊集 $\underset{\sim}{A}$ 可以省略。$F_r = \{r_1, r_2, \cdots, r_n\}$ 为关系集合，r_i 对应的关系节点为 $(\text{type}(r_i) \mid \underset{\sim}{A})$，其中 $\underset{\sim}{A} = \sum \mu(r_i)/r_i$，$i = 1, 2, \cdots, n$。$F_f = (F_c \times F_r) \bigcup (F_r \times F_c)$ 为弧的集合。

例如，语句"A young child eats pie, and it is not certain whether it is a boy or a girl who performs the eating. The certainty of girl is 0.6, the certainty of boy is 0.4. If it is a girl eats pie, her name probably (with 0.8 of certainty) called Lucy."可线性表示为

[Eat | 1/True ＋ 0/False] － (Obj | 1/True ＋ 0/False) → [Pie | 1/True ＋ 0/False]

　　(Agnt | 0.6/Girl ＋ 0.4/Boy) → [Girl：Lucy | 0.8/True ＋ 0.2/False] →

　　(Age | 1/True ＋ 0/False) → [Young | $\sum (1 + (x_i/20)^2)^{-1} / x_i$，$i =$

1，2，…，120].

其中，[Girl：Lucy | 0.8/True＋0.2/False]，[Young | $\sum (1+(x_i/20)^2)^{-1}/x_i$，$i=1，2，…，120$] 为模糊概念，（Agnt | 0.6/Girl＋0.4/Boy）为模糊关系，其概念和关系是清晰的。若将清晰的概念和关系用传统的方法表示，其简单表示形式为

[Eat]－(Obj)→[Pie]

(Agnt | 0.6/Girl ＋ 0.4/Boy) → [Girl：Lucy | 0.8/True ＋ 0.2/False]→(Age)→

[Young | $\sum (1+(x_i/20)^2)^{-1}/x_i$，$i=1，2，…，120$].

2.4.3　模糊类型格

为了便于模糊概念图匹配推理，本书将类型格推广到模糊类型格。模糊类型格是指由模糊概念图理论中的模糊类型组成的格。设 t 是泛指模糊概念、模糊关系和模糊关系属性的类型，记号 $D(t)$ 指所有可能独立的个体 t 组成的集合。类型 t' 是类型 t 的特化关系或子类型，记为 $t'\leqslant t$，当且仅当 $D(t')\subseteq D(t)$。显然，特化关系是一种自反、传递关系，但不是对称关系。根据定理 2.2，概念类型组成了有限概念格。由于关系属性是一种特殊的概念，所以关系属性的特化关系组成了概念格的有限概念子格。在某种程度上讲，关系类型是一个关系类型子格。

2.5　灰色概念图

灰色概念图是灰色数学[21]同概念图的有机结合，主要刻画问题空间中的灰色不确定性知识，是一种不确定性知识表示的有效方法。

2.5.1　传统概念图的局限性

前两节中介绍的概念图和模糊概念图属于白化值概念图，适合对具有白化值问题空间中知识的表示，称这两种概念图为一般概念图。在一般概念图中，默认概念类型和关系类型都是清晰类型。这种知识表示的最大缺点是不能表示不清晰性知识。例如，在网络故障管理中，描述计算机网络联网状态的知识，如"网络中 http 协议的连接基本正常"，就无法用概念图反映出到底连接是正常还是不正常。如果认为是不正常，那么基本正常和正常差别有多大。也就是说，对概念类型和关系类型不能做出定量表示。

为了解决类似这样的问题，S. Morton 博士于 1987 年在他的博士论文中首先提出了模糊概念图理论。V. Wuwongse 和 M. Manzano 两人对模糊概念图进行了完整的论述。Philippe Mulhem 等人将模糊概念图应用于实物景象处理[15-17]。在模糊概念图中，将概念类型、关系类型都表示为模糊概念类型和模糊关系类型，并且对关系类型又增加模糊关系属性。模糊概念图可对问题空间中的模糊知识进行表示，是不确定性知识的定量表示。模糊概念图可以将"网络中 http 协议的连接基本正常"可表示为

$$[连接|1]—(Agnt|1)\rightarrow[网络|1]$$
$$(Stat|1)\rightarrow[正常|0.9]$$
$$(Tool|1)\rightarrow[HTTP 协议|1].$$

其中，Agnt 是清晰关系，"正常"是模糊概念。它解决了模糊知识的表示，但在现有的概念图和模糊概念图知识表示中只能表示清晰类型，或者是内涵清晰而外延模糊的模糊类型，对于外延清晰而内涵模糊的概念类型和关系类型就无法用传统的概念图表示。因此，必须在概念图的基础上引入灰色数学理论，即用灰色概念图处理外延清晰而内涵模糊的知识。

2.5.2　灰色数学的基本概念

面对外延清晰而内涵模糊的信息，邓聚龙教授于 1982 年发表的"The Control Problems of Grey Systems"一文，首创了灰色系统理论，提出了灰色信息概念。王清印教授、吴和琴教授在充分研究灰色系统、灰色信息内涵的基础上，于 1987 年建立了灰色集合概念，给出灰色信息的抽象描述，初步建立了灰色数学体系[21]。刘思峰等人对灰色系统的理论和应用也进行了深入的研究[22]。

1. 灰色集合的定义

灰色信息是范围已知的，边界清晰的，但是由于人类认知的不足，或者由于信息源中的信息存在噪音，对信息内部知识是无知的。因此，给出描述范围的两个隶属函数，使未知部分处于两个隶属函数之间。灰色集合定义为

定义 2.20　G 是论域 U 上的灰色子集，给定从 U 到闭区间[0，1]的两个映射，即

$$\overline{\mu_G}\rightarrow[0,1],\ u|\rightarrow\overline{\mu_G}(u)\in[0,1]$$

和

$$\underline{\mu_G}\rightarrow[0,1],\ u|\rightarrow\underline{\mu_G}(u)\in[0,1]$$

其中，$\overline{\mu_G}\geqslant\underline{\mu_G}$，则 $\overline{\mu_G}$ 与 $\underline{\mu_G}$ 分别称为上隶属函数和下隶属函数，$\overline{\mu_G}(u)$ 与 $\underline{\mu_G}(u)$ 分别称为元素 u 相对于 G 的上隶属度和下隶属度。

定义表明，所谓灰色集合，是指以上、下隶属函数图像以及夹在其间的带型区域为原像的元素所构成的集合[21]（详见图 2.4）。

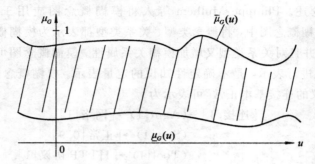

图 2.4　灰色集合的图形表示

2. 灰色集合表示法

一般情况下，灰色集合记为 $G|_{\underline{\mu}}^{\bar{\mu}}$ 或 G。由论域 U 上的灰色子集所组成的类被称为灰色幂集，并记为 $G(U)$。灰色集合常用到以下表示方法[21]。

1）向量表示方法

对于离散论域 U，排列 U 中各个元素的次序后，把各元素的上、下隶属度按 U 中元素的次序以向量的形式表示。在这种表示形式中，上、下隶属度全为 0 的项不能省略。例如，设论域 U 按照顺序排序后为 $U=\{a, b, c, d\}$，$\underline{\mu}_G(a)=0.9$，$\bar{\mu}_G(a)=1$，$\underline{\mu}_G(b)=0.5$，$\bar{\mu}_G(b)=0.8$，$\underline{\mu}_G(c)=0$，$\bar{\mu}_G(c)=0$，$\underline{\mu}_G(d)=0.23$，$\bar{\mu}_G(d)=0.9$，则

$$G|_{\underline{\mu}}^{\bar{\mu}}=([0.9, 1], [0.5, 0.8], [0, 0], [0.23, 0.9])$$

2）元组表示方法

当论域 U 为有限离散集合时，G 的每个分量表示为 G 中每个元素及相应的上、下隶属度。当上、下隶属度都为 0 时，该分量可略去。关于 U 的灰色集合可表示为

$$G|_{\underline{\mu}}^{\bar{\mu}} = \{(x, [\underline{\mu}_G(x), \bar{\mu}_G(x)]) \mid x \in U\}$$

例如，上例中论域 U 的灰色集合可表示为

$$G|_{\underline{\mu}}^{\bar{\mu}}=\{(a, [0.9, 1]), (b, [0.5, 0.8]), (d, [0.23, 0.9])\}$$

3）分式表示方法

如果论域 U 为有限离散集合，G 的每个分量可用分式连"＋"的形式表示，分式的分母为 U 的元素，分子为对应元素的上、下隶属度。当上、下隶属度都为 0 时，该分式可以略去。关于 U 的灰色集合可表示为

$$G \mid_{\underline{\mu}}^{\bar{\mu}} = \sum_{x \in U} \frac{(\underline{\mu}_G(x), \overline{\mu}_G(x))}{x}$$

式中的分式和求和符号只是一种表示形式，并不代表数学上的数学运算。例如，上例中的灰色集合可表示为

$$G \mid_{\underline{\mu}}^{\bar{\mu}} = \frac{(0.9, 1)}{a} + \frac{(0.5, 0.8)}{b} + \frac{(0.23, 0.9)}{d}$$

4）积分表示方法

如果 U 为非离散论域，规定

$$G \mid_{\underline{\mu}}^{\bar{\mu}} = \int_u \frac{(\underline{\mu}_G(u), \overline{\mu}_G(u))}{u}$$

这里的积分符号仅代表 U 中各个元素及其上、下隶属度之间的关系。

3．灰色集合的运算性质

从灰色集合的定义可以看出，灰色集合是一种外延十分广泛的概念。为了满足进一步研究灰色系统的需要，下面将参照传统的 Cantor 集合和 Fuzzy 集合的运算，定义几种灰色集合的运算。

1）灰色集合间的关系

定义 2.21　设 $G_1, G_2 \in G(U)$，$u \in U$，若

$$\underline{\mu}_{G_1}(u) \leqslant \underline{\mu}_{G_2}(u), \quad \overline{\mu}_{G_1}(u) \leqslant \overline{\mu}_{G_2}(u)$$

则称 G_1 包含于 G_2，记为 $G_1 \subseteq G_2$。当 $\underline{\mu}_{G_1}(u) = \underline{\mu}_{G_2}(u)$ 且 $\overline{\mu}_{G_1}(u) = \overline{\mu}_{G_2}(u)$ 时，称 G_1 等于 G_2，记为 $G_1 = G_2$。

2）灰色集合的并、交、补运算

定义 2.22　设 $G_1, G_2 \in G(U)$，$\forall u \in U$，则 $G_1 \bigcup G_2$，$G_1 \bigcap G_2$，G_1^c 的隶属函数为

$$\begin{cases} \overline{\mu}_{G_1 \cup G_2}(u) = \overline{\mu}_{G_1}(u) \vee \overline{\mu}_{G_2}(u) \\ \underline{\mu}_{G_1 \cup G_2}(u) = \underline{\mu}_{G_1} \vee \underline{\mu}_{G_2}(u) \end{cases}$$

$$\begin{cases} \overline{\mu}_{G_1 \cap G_2}(u) = \overline{\mu}_{G_1}(u) \wedge \overline{\mu}_{G_2}(u) \\ \underline{\mu}_{G_1 \cap G_2}(u) = \underline{\mu}_{G_1}(u) \wedge \underline{\mu}_{G_2}(u) \end{cases}$$

$$\begin{cases} \overline{\mu}_{G_1^c}(u) = 1 - \underline{\mu}_{G_1}(u) \\ \underline{\mu}_{G_1^c}(u) = 1 - \overline{\mu}_{G_1}(u) \end{cases}$$

同样可以定义有限个灰色集合的并、交运算，即

$$\bigcup_{i=1}^{n} G_i = G_1 \bigcup G_2 \bigcup \cdots \bigcup G_n$$

$$\bigcap_{i=1}^{n} G_i = G_1 \bigcap G_2 \bigcap \cdots \bigcap G_n$$

对它们的隶属函数可分别作出类似的定义。在这里，运算" ∨ "和" ∧ "分别表示上确界和下确界，对于有限集合分别表示最大值和最小值。

在灰色集合中，集合的 ∪ 和 ∩ 运算满足交换律、结合律、分配律、对偶律、等幂律、吸收律和还原律[21]。

4. 区间灰数

定义 2.23 设论域 $U = \mathbf{R}$（实数集），则 $\forall x \in \mathbf{R}$，称灰色集合 $G|_{\underline{\mu}(x)}^{\overline{\mu}(x)}$ 为灰数，并记为 G。其中 $\overline{\mu}(x) \in [0, 1]$，$\underline{\mu}(x) \in [0, 1]$。

灰数的表示方法与灰色集合的表示方法相同，在不发生混淆的情况下，灰数也可以用区间表示。按照灰域（灰数的取值域）可将灰数分为以下几种：

1) 仅有下界的灰数

灰域是一个下界确定，上界为 ∞ 的灰数，即 $G \in [a, \infty]$，其中 $a \in \mathbf{R}$。例如，在网络下载文件时，规定连续重传次数超过 9 次，就报告网络连接失败的信息。这里的网络连接失败的次数就是一个仅有下界的灰数。

2) 仅有上界的灰数

灰域是一个上界确定，下界为 $-\infty$ 的灰数，即 $G \in [-\infty, a]$，其中 $a \in \mathbf{R}$。例如，在用 Ping 测试网络的连接性时，时间 Time < 10 毫秒，就是一个仅有上界 10 的灰数。

3) 具有上、下界的灰数

灰域是一个上、下界都确定的灰数，即 $G \in [a, b]$，其中 $a \in R$，$b \in \mathbf{R}$。例如，在描述防火墙的性能时，我们说防火墙的并发连接数应在 80 万到 120 万之间，就是具有一个上、下界的灰数。

4) 连续灰数和离散灰数

在某一灰域内取有限个或可数个值的灰数为离散灰数，否则连续地充满该灰域取值的灰数为连续灰数。

从本质上看，灰数可分为信息型灰数、概念型灰数和层次型灰数。

（1）信息型灰数：指因暂时缺乏信息而不能肯定其值的灰数。

（2）概念型灰数：是由人类的某种观念、意愿形成的灰数。

（3）层次型灰数：是由于人类观测和认识的层次不同而形成的灰数。

5. 区间灰数的代数运算及其运算性质

设有灰数 $G_1 \in [a, b]$，$a < b$，$G_2 \in [c, d]$，$c < d$，则区间灰数的运算为

（1）加法运算：$G_1 + G_2 \in [a+c, b+d]$。

（2）求相反数：$-G_1 \in [-b, -a]$。

（3）减法运算：$G_1 - G_2 \in [a-d, b-c]$。

（4）求倒数：当 $a \neq 0$，$b \neq 0$ 时，$G_1^{-1} \in [1/b, 1/a]$。

（5）乘法运算：$G_1 \cdot G_2 \in [\min\{ac, ad, bc, bd\}, \max\{ac, ad, bc, bd\}]$。

（6）除法运算：当 $c \neq 0$，$d \neq 0$，且 $cd > 0$ 时，$G_1/G_2 \in [\min\{a/c, a/d, b/c, b/d\}, \max\{a/c, a/d, b/c, b/d\}]$。

（7）数乘：当 k 为正实数时，$kG_1 \in [ka, kb]$。

特别地，在灰数的运算中不能相消、相约。仅当两灰数取值一致时，灰数自减为 0，同一灰数相除为 1。

定理 2.3　区间灰数全体构成灰数域。

灰数满足加法的交换律、结合律和存在幺元 0，乘法满足结合律和存在幺元 1，加法对乘法、乘法对加法满足分配律。当灰数的取数一致时，区间灰数的全体构成灰色线性空间。

2.5.3　灰色概念图的概念

概念图知识表示是对传统知识表示的一种扩展。B. J. Garnet 和 E. Tsui 等人从理论上已经证明概念图知识表示是一种比其他知识表示更为优秀的知识表示方法。模糊概念图是将概念图和模糊数学相结合的产物。不管是精确概念下的概念图，还是建立在模糊理论上的模糊概念图，在描述问题空间中边界清晰，而内涵未知的知识时，描述能力明显不足。在人类常用的自然语言表达中，绝大部分描述都属于灰色范畴。为了描述问题空间中的灰色知识，本节介绍灰色概念图的概念。

1. 灰色概念图的定义

定义 2.24　概念类型、概念所指域、关系类型属于灰色范畴的概念图为灰色概念图（Gray Conceptual Graphs，简称 GCGs）。

定义 2.24 中有关灰色概念图的定义涉及到概念类型、概念所指域和关系类型 3 部分，只要有一个部分属于灰色范畴，就认为该概念图是灰色概念图。例如，将某工作站连接到交换机上后，无法用 Ping 连通其他计算机，桌面上的"本地连接"图标显示网络不通，或者是 Ping 某个端口的连接时间超过了 10 秒，超过了交换机端口的正常反应时间，则认为是交换机接口故障，可通过重新启动交换机，或更换交换机接口排除故障。在故障原因中，时间超过 10 秒就是一个仅有下界而无上界的灰数，这条知识的灰色概念图表示详见图 2.5。

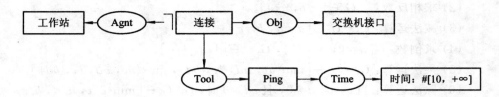

图 2.5　知识的灰色概念图表示

可以看出，灰色概念图是一个概念类型、概念所指域和关系类型属于灰色范畴的一个有向、弱连通的二分图，因此，灰色概念图可进一步定义为

定义 2.25　灰色概念图 $GCG(C, R)$ 是由灰色概念类型、灰色概念所指域和灰色关系类型组成的有向、弱连通的二分图。

说明：在以后的行文中，为了将清晰概念、模糊概念同灰色概念区别，称清晰概念和模糊概念为白色概念，将灰数以外的数称为白数。该约定对于灰色概念图各个组成部分同样适用。

2. 灰色概念图的基本元素

在定义 2.25 中，将灰色概念图定义为一个二元组 $GCG(C, R)$。其中，C 是灰色概念组成的集合，R 是灰色关系组成的集合。

在灰色概念集合中，将任意一个概念 $c \in C$ 表示为一个三元组 $[T, e, G]$，其中 T 是灰色概念类型 t_i 组成的集合，e 为灰色概念的所指域，G 为与灰色概念对应的灰数。对应灰数有两种表示方法：一种是直接使用实际应用中的数据，如表示中国人年龄的灰数 $G \in [0, 150]$ 等；另一种灰数是经过归一处理的灰数，这种灰数需要在整个系统中用统一数值归一处理。例如，在一个系统中，人的年龄的最大值为 150，则将所有表示人年龄的灰数区间用 150 相除，如中国人年龄的灰数 $G \in [0, 1]$。模糊概念是一种特殊的灰数，当灰数的 $\underline{a} = \overline{a} \in [0, 1]$ 时，就是一个模糊值，是白数，表示一个模糊概念。另外，清晰概念也是一类特殊的灰数，当 $\underline{a} = \overline{a} \in \{0, 1\}$ 时，该概念在概念图中要么出现，要么不出现，是一个白数，表示一个清晰概念。为了记号统一，将白色概念记为 $[t, e, [a, a]]$，当 $a = 0$ 或 $a = 1$ 时，即 $\underline{a} \in \{0, 1\}$ 时表示该概念是一个清晰概念；当 $a \in [0, 1]$ 时，表示该概念是一个模糊概念。另外，在网络故障诊断的知识表示中，由于每个概念对应一个单独的概念类型，因此，可以将灰色概念简化为三元组 $[t, e, G]$。

在灰色概念图中，另一个重要部分是灰色关系。对任意的灰色关系 $r \in R$，在灰色概念图中用二元组 $[t, G]$ 表示，其中 t 为关系类型，G 为相对该关系类型在灰色概念图中出现的概率组成的灰数。同样，白色的关系类型是灰色关系类型的特例。对于清晰关系类型，它的 G 是一个上、下隶属函数值都为 0 或都为 1 的灰数；对于模糊关系类型，它的 G 是一个上、下隶属函数值相等且介于 0 和 1 之间的灰数。

例如，在网络故障诊断中，对于知识"当在 Windows 的桌面上的网络邻居中看不到自己的计算机，或 Ping 不到本计算机的 IP 地址时，说明计算机的网络适配器有问题，请检查中断请求 IRQ 是否与 I/O 地址冲突，驱动程序是否安装正确，或 IP 地址不正确"，网络适配器出现故障的原因有三种，其中 IRQ 与 I/O 冲突的概率为 70%～80%，驱动程序没有安装正确的概率为 10%～15%，另外不到 5% 为 IP 地址有错。本例中有关网络适配器故障原因描述的灰色概念图如图 2.6 所示。

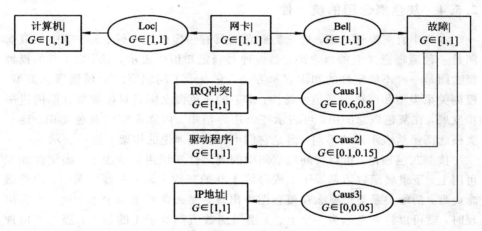

图 2.6　网络适配器故障的灰色概念图表示

图 2.6 是知识的灰色概念图表示。在图中，将灰色概念图中的概念类型、概念的所指域和关系类型同它们的灰数用竖线分隔开，其中，关系类型 Caus1、Caus2 和 Caus3 是灰色关系类型，它分别表示出现故障的原因；Loc 和 Bel 为清晰概念类型的灰色表示，分别表示位置和归属；所有的概念类型都是清晰类型的灰色描述，为白色类型。

为了使用方便，在网络故障诊断专家系统的知识表示中将灰色概念图简化表示。对于灰色概念图中的清晰概念或关系，仍旧采用传统的概念图表示方法。例如，图 2.6 的灰色概念图可简化表示为图 2.7。

灰色概念图也可用线性形式表示，只不过在线性形式表示中，关系类型和概念类型都带有用竖线分隔的灰数。这里对灰色概念图的线性形式表示不再赘述。

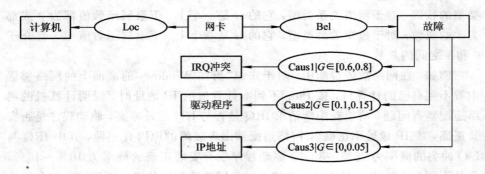

图 2.7　灰色概念图的简化表示

2.5.4　灰色概念图的统一性

　　本章中有三类概念图，这三类概念图具有一定的统一性。2.3 节中的概念图是一种清晰意义上的概念图，是一种对确定知识的表示方法；2.4 节的模糊概念图是一种不确定性的知识表示方法，它表示了问题空间的模糊概念类型、模糊关系类型和模糊关系类型属性；本节的灰色概念图是对模糊概念图的进一步发展，在灰色概念图中，可表示一类边界清晰、内涵模糊的灰色知识。这三类概念图虽然表示形式不同，但是它们可在灰色理论的构架下统一表示。

　　按照灰色理论，可以将问题空间中的确定性知识用灰数表示。确定性知识可用上、下隶属函数值都等于 1 或都等于 0 的灰数表示。在概念图中，清晰概念类型、清晰关系类型要么在概念图中出现，要么在概念图中不出现。当它出现时，就可以将它表示为一个上、下隶属函数值都等于 1 的灰数；当它不出现时，认为它是一个上、下隶属函数值都是 0 的灰数。

　　同样，模糊知识也可以用灰色理论描述。从本章的图 2.4 可以明显地看出，当上、下隶属函数重合，并落在[0,1]区间之内时，这时的隶属函数就是模糊集合中的隶属函数。因此，模糊值可用[0,1]区间内上、下隶属函数重合的灰数表示。

　　综上所述，灰色概念图是传统概念图和模糊概念图的统一。不管概念图的形式如何表示，它们都可用灰色概念图统一描述。灰色概念图继承了传统概念图和模糊概念图的优良特性，可以描述确定性知识、模糊知识和灰色知识。因此，灰色概念图对各种类型概念图表示具有统一性，是一种非常实用的自然语言表示方法。

2.5.5　灰色概念图的应用

　　灰色概念图同传统概念图及模糊概念图一样，主要用来表示自然语言中的知识。但是灰色概念图的表示范围更加广泛，它还能对一些外延清晰而内涵模糊的知识进行描述。根据灰色概念的普遍存在性，灰色概念图可应用于以下几个方面：

1. 自然语言的知识表示

在自然语言中灰色概念经常出现，其主要原因是说话人对所描述的问题没有十足的把握，或者为自己留有回旋余地。另外，由于说话人对所讨论的问题认识不足，不能做出完全的肯定或否定；还有一种可能是说话人不愿意暴露自己的心迹。凡此种种，都导致了自然语言的不确定性和灰色性。

例如，当有人看到路边一个大约 1 米的小孩在玩耍时，他可能对别人说："一个 8、9 岁的小孩在路边玩耍"。这里的 8、9 岁就是在 8 岁到 9 岁之间，是一个灰数。再如，在老师看到这一节课学生的到课率很差，他可能对别人说："这一节课到的学生不到 20 人"。这里的学生人数就是一个灰数。

2. 模式识别中的知识表示

对于模式识别中的景物识别或分类，可能由于某种客观原因，无法作出确定的判断，像这样的知识是不确定性知识，可用灰色概念图正确表示。如对在大雾天拍摄的景物照片的辨认中，有些物体只能看出大概的轮廓，而不能确认具体是什么物体时，这时对照片的描述就是灰色的，可以用灰色概念图表示。

3. 故障诊断中的知识表示

在故障诊断中，因为在某一方面获取的故障知识较少，只能对故障的范围作出大概的判断，像这样的诊断结果就是一个灰色的诊断结果，可以用灰色概念图表示。例如，当网络连接不通时，经过 Ping 本机的网络适配器和与该计算机相连的交换机端口，可确认是该交换机到网络中心交换机之间的网络链路上的设备存在故障。由于从本交换机到网络中心之间有好几层设备，所以这样的知识可用灰色概念图表示。

4. 其他

除了以上几种应用之外，灰色概念图在医疗、生产预测、空气污染、水资源管理等诸多方面都有广泛的应用[22]。

2.6　扩展产生式规则

尽管灰色概念图解决了自然语言中的知识表示问题，但是纯粹的灰色概念图与传统的概念图一样，其知识的模块性较差。在人们对产生式规则非常熟悉的情况下，借助产生式规则具有良好模块性的特点，将灰色概念图同产生式规则有机结合是当前知识表示的最佳选择。本节结合自然语言处理的特点，将灰色概念图同产生式规则相结合，用扩展产生式规则（Extended Production Rules，简称 EPRs）表示知识[23]。扩展产生式规则将规则的前提和结论分别用灰色概念图表示，并且在规则中增加了用灰色概念图描述的"建议"部分，是产生式规则和灰数概念图的混合表示方法。扩展产生式规则既便于自然语言中的知识表示，又保持了知识的模块性。EPRs 表示方法已应用在网络故障诊断专家系统中[2]。

2.6.1　EPRs 知识表示

EPRs 是在产生式规则和概念图的基础上提出的一种新型知识表示方法，它既便于专家系统的自然语言处理，又便于系统推理和程序设计。在 EPRs 知识表示方法中，规则的前提、结论和建议分别用灰色概念图表示，并且在规则中引入规则强度 RC、前提重要度 IM、规则的新鲜程度 NEW 和规则可信度 CF。一条完整的 EPRs 知识可以形式化表示为

规则::＝RULE No，NEW IF RC，CF 〈前提〉 THEN〈结论〉 PROC〈处理〉

前提::＝〈简单条件〉|〈复合条件〉

简单条件::＝〈条件，IM〉

复合条件::＝〈条件，IM〉{AND〈条件，IM〉}$_0^n$

结论::＝〈GCG，CF〉{，〈GCG，CF〉}$_0^n$

处理::＝〈GCG〉{，〈GCG〉}$_0^n$

条件::＝〈GCG〉{OR〈GCG〉}$_0^n$

GCG::＝(Grelation×Gconcept)$\bigcup$(Gconcept×Grelation)

Grelation::＝$\{[t, e, G]|t\in T\}$

Gconcept::＝$\{[t, G]|t\in C\}$

$RC\in[0, 1]$，$IM\in[0, 1]$，$CF\in[-1, 1]$，$No\in I^+$，$NEW\in I^+$，G 为灰数，T 和 C 分别为概念类标记集合和关系类标记集合。

其中，"处理"表示出现故障后的处理办法、建议等；GCG 为灰色概念图；CF 采用了 MYCIN 中的不确定测度的可信度；IM 是反映规则中各个前提条件在该规则中所占的比重；RC 为规则的静态强度；NEW 为规则的新鲜程度，在专家系统初次运行时，NEW 的值为 0。在以后的推理过程中，规则每应用一次，就将 NEW 的值自动加 1。例如在计算机网络系统中，关于单台计算机故障诊断的第 29 条规则为

Rule 29，5

IF　0.86，0.82

　　　硬盘中 DOS 版本低于 3.0 版，0.8，并且，计算机可从软盘启动，0.6

THEN

　　　60%～80%是 DOS 系统出错，

　　　15%～20%是硬盘坏

PROC

　　　用 SYS 命令更换 DOS 系统，重新冷启动计算机

在规则中，Rule n 为规则编号，0.86 为规则强度；0.8 和 0.6 分别表示规则的重要程度；0.82 为规则的可信度；自专家系统建立完成后，该规则应用了 5 次。这条知识可用 EPRs 表示为

Rule 29，5

IF 0.86，0.82

　　　（[硬盘 DOS 版本$|G\in[1，1]]\rightarrow$（Low$|G\in[1，1]$）

　　　　　　　　　　　　　　　$\rightarrow[3.0$ 版$|G\in[1，1]]$，0.8）AND

　　　（[计算机$|G\in[1，1]]\leftarrow$（Agnt$|G\in[1，1]$）$\leftarrow[$启动$|G\in[1，1]]$

　　　　　　　　　　　　　　　$\rightarrow$（Loc$|G\in[1，1]$）

　　　　　　　　　　　　　　　$\rightarrow[$硬盘$|G\in[1，1]]$，0.6）

THEN

　　　[计算机故障$|G\in[1，1]]\rightarrow$（Caus1$|G\in[0.6，0.8]$）

　　　　　　　　　　　　　$\rightarrow[$DOS 系统$|G\in[1，1]]$

　　　　　　　　　　　　　$\rightarrow$（Caus2$|G\in[0.15，0.2]$）

　　　　　　　　　　　　　$\rightarrow[$硬盘坏$|G\in[1，1]]$

PROC

　　　[SYS 命令$|G\in[1，1]]\leftarrow$（Tool$|G\in[1，1]$）$\leftarrow[$更换$|G\in[1，1]]$

　　　　　　　　　　　　　$\rightarrow$（Obj$|G\in[1，1]$）

　　　　　　　　　　　　　$\rightarrow[$DOS 系统$|G\in[1，1]]$，

　　　[冷启动$|G\in[1，1]]\leftarrow$（Manr$|G\in[1，1]$）$\leftarrow[$启动$|G\in[1，1]]$

　　　　　　　　　　　　　$\rightarrow$（Obj$|G\in[1，1]$）

　　　　　　　　　　　　　$\rightarrow[$计算机$|G\in[1，1]]$

　　　在规则中，标识符 Low，Agnt，Loc，Obj，Tool 和 Manr 分别表示关系低于、动作发出者、动作作用位置、动作作用对象、使用的工具和方式，Caus1 和 Caus2 是两种故障类型；规则强度为 0.86，规则可信度为 0.82。

　　　上面的知识表达方式明显比传统的概念图复杂。根据故障诊断的特点，凡是在概念图中出现的清晰概念和关系，其灰数都为 $G\in[1，1]$，约定所有的清

晰概念和关系省略灰数。这就是灰色概念图的简化表示形式。第 29 条知识的简化表示形式为

Rule 29，5

　　IF 0.86，0.82

　　　　（[硬盘 DOS 版本]→(Low)→[3.0 版]，0.8) AND

　　　　（[计算机]←(Agnt)←[启动]→(Loc)→[硬盘]，0.6)

　　THEN

　　　　[计算机故障]→(Caus1|$G \in [0.6，0.8]$)→[DOS 系统]

　　　　　　　　　　→(Caus2|$G \in [0.15，0.2]$)→[硬盘坏]

　　PROC

　　　　[SYS 命令]←(Tool)←[更换]→(Obj)→[DOS 系统]，

　　　　[冷启动]←(Manr)←[启动]→(Obj)→[计算机]

2.6.2　EPRs 的实现

　　根据概念图表示方法[12，15]，按照 Prolog 语言中谓词逻辑程序设计的形式，作者设计了一种扩展产生式规则在 Prolog 中的谓词表示形式。在 Prolog 语言中将 EPRs 规则用概念节点谓词、关系节点谓词、灰色概念图谓词、EPRs 谓词表示。

　　（1）概念结点谓词：

$$\text{Concept(Ctype，Cref，CNo)}$$

Concept 是一个 3 元谓词，它记录了该概念的类标识符、所指域和概念序号。其中 Ctype 由概念类型标识符和概念的灰数组成，用逗号隔开的字符串标识；Cref 为概念的所指域和与所指域有关的灰数，是逗号分隔的字符串；Cno 为概念的编号。

　　（2）关系节点谓词：

$$\text{Relation(Rtype，NodeInList，NodeOutList，RNo)}$$

Relation 是一个 4 元谓词，它记录了关系标识符、入结点表、出结点表和该关系的序号。其中，关系类型 Rtype 由关系类型标识符和灰数组成，是逗号分隔的字符串；NodeInList 和 NodeOutList 分别为进入该关系的概念节点号和从该关系节点直接到达的概念节点号；RNo 是概念图中关系的编号。

　　（3）灰色概念图谓词：

$$\text{Graphs(GNo，CidList，RidList)}$$

Graphs 是一个 3 元谓词，它记录了概念图编号 GNo、概念结点表 CidList 和关系结点表 RidList。

（4）EPRs 谓词：

$$\text{Rule(RNo，PreList，PreCFList，PreIMList，}$$
$$\text{ConList，ProcList，CF，RC)}$$

Rule 是一个 8 元谓词，它依次记录了规则号、前提列表、前提 CF 列表、前提 IM 列表、结论列表、建议列表、规则的 CF 值和规则的 RC 值。

利用以上 4 个谓词，可将 2.6.1 中的扩展产生式规则表示为

Concept（"硬盘 DOS 版本，NULL"，NULL，1）
Concept（"3.0 版本，NULL"，NULL，2）
Concept（"计算机，NULL"，NULL，3）
Concept（"启动，NULL"，NULL，4）
Concept（"硬盘，NULL"，NULL，5）
Concept（"计算机故障，NULL"，NULL，6）
Concept（"DOS 系统，NULL"，NULL，7）
Concept（"SYS 命令，NULL"，NULL，8）
Concept（"更换，NULL"，NULL，9）
Concept（"冷启动，NULL"，NULL，10）
Concept（"硬盘坏，NULL"，NULL，11）
Relation（"Low，NULL"，[1]，[2]，1）
Relation（"Agnt，NULL"，[4]，[3]，2）
Relation（"Loc，NULL"，[4]，[5]，3）
Relation（"Caus1，[0.6，0.8]"，[6]，[7]，4）
Relation（"Caus2，[0.15，0.2]"，[6]，[11]，5）
Relation（"Tool，NULL"，[9]，[8]，6）
Relation（"Obj1，NULL"，[9]，[7]，7）
Relation（"Manr，NULL"，[4]，[10]，8）
Relation（"Obj2，NULL"，[4]，[3]，9）
Graphs（1，[1，2]，[1]）
Graphs（2，[3，4，5]，[2，3]）
Graphs（3，[6，7，11]，[4，5]）
Graphs（4，[7，8，9]，[6，7]）
Graphs（5，[3，4，10]，[8，9]）
Rule（29，[1，2]，[0.8，0.6]，NULL，[3]，[4，5]，0.82，0.86）

在以上规则中，NULL 表示空。在概念类型和关系类型中，NULL 表示对应概念是一个清晰概念；概念所指域为 NULL 表示该概念是一个泛指概念；规则中

的 NULL 表示规则的 IM 重要度列表为空，所有前提同等重要；Caus1 和 Caus2 是两个灰色关系。

2.6.3　EPRs 的分析与评价

动物识别专家系统是专家系统中著名的示教程序。它虽然简单，但清晰地描述了专家系统的结构和工作原理，在很多有关专家系统的教科书中，都将动物识别作为专家系统的常用案例[24]。本章同样以动物识别为例，利用 Prolog 语言分别实现了基于 EPRs 规则和产生式规则的动物识别专家系统。通过运行测试，两种表示方法的性能比较详见表 2.2。

表 2.2　EPRs 规则同产生式规则性能比较

性能指标	EPRs 规则	产生式规则
规则数	15 条规则	15 条规则
谓词数	4	4
信息量	26 个概念图、语言信息	53 条语句
知识组织方式	由算法将描述知识的语言转换成概念图	人工方式从描述知识的语句中提取规则
知识获取	自然语言方式	按系统要求编辑
知识获取效率	高	一般
平均识别时间	1.32 秒	1.25 秒
人机接口	自然语言	菜单或命令

从表 2.2 可以明显地看出，EPRs 规则的信息量略高于产生式规则，但推理效率很接近。由于 EPRs 提供了一个符合人类自然语言形式的知识表示方法，所以在建立专家系统中，EPRs 规则在知识组织、知识获取和人机接口方式等方面具有明显的优势。因此 EPRs 的总体性能优于产生式规则知识表示法。

2.7　本章小结

本章围绕概念图介绍了知识表示方法。首先，对概念图知识表示方法进行了形式化的定义和理论化；然后针对自然语言处理和网络故障诊断中需要进行灰色知识处理的特殊要求，在传统概念图的基础上研究了灰色概念图表示方法，并且论述了灰色概念图在知识表示中与传统概念图、模糊概念图的统一性。为了既利于自然语言的知识表示，又方便专家系统推理，在产生式规则和灰色概念图的基础上，设计了扩展产生式规则知识表示方法和实现过程。通过在动物识别专家系统中的应用和实际测试，扩展产生式规则总体性能优于传统的产生式规则。扩展产生式规则既保持了产生式规则的模块性，又与自然语言形成自然映射，是建立具有自然语言接口专家系统的较好的知识表示方法。在本书介绍的网络故障诊断专家系统的设计中，将 EPRs 作为最主要的知识表示方法。

参 考 文 献

[1] Sowa John F. Knowledge Representation：Logical，Philosophical and Computational Foundations ［M］. Thomson Learning, Inc. , 2000. United States of America. 132 – 196.

[2] 刘培奇，李增智，赵银亮. 扩展产生式规则的网络故障诊断专家系统[J]. 西安交通大学学报，2004，38(8)：783 – 786.

[3] 刘培奇. 新一代专家系统知识处理的研究与应用[D]. 西安交通大学博士学位论文，2005.9.

[4] 何华灿，李太航，吕炎. 人工智能导论[M].西安：西北工业大学出版社. 1988.

[5] 陆汝铃. 人工智能[M]. 北京：科学出版社. 1996.10.941 – 1060.

[6] 蔡自兴，徐光祐. 人工智能及其应用[M]. 3 版. 北京：清华大学出版社，2004.

[7] Luger George F. Artifical Intelligence：Structures and Strategies for Complex Problem Solving［M］. Fourth Edition. Pearson Education Limited，2002.

[8] Sowa John F. Conceptual graphs for database interface[J]. IBM J. Res. & Dev. 1977. 336 – 357.

[9] Sowa John F. Conceptual Structure：Information processing in mind and machine[M]. UK：Addison – Wesley Publishing Co. 1984. 69 – 123.

[10] 白振兴. 一种新的知识表达方法：概念结构[J]. 北京：计算机科学. 1992，19(6)：21 – 26.

[11] 刘晓霞. 新的知识表示方法—概念图[J]. 西安：航空计算技术. 1997，4：28 – 32.

[12] 刘晓霞. 概念图知识处理器的设计[J]. 沈阳：小型微型计算机系统. 2001，22(3)：351 – 354

[13] 张蕾. 概念结构及其应用[D]. 西北工业大学博士学位论文. 2001. 5.

[14] 刘晓霞. 概念图知识表示方法的研究[J]. 上海：计算机应用与软件. 2001，18(8)：56-60.

[15] Morton S. Conceptual Graphs and Fuzziness in Artificial Intelligence. PhD. Thesis [D]. University of Bristol. 1987.

[16] Wuwongse V，Manzano M. Fuzzy Conceptual Graph[C]. In Proc. Int Conf. on Conceptual Structures (ICCS '93) (LNAI 699). 1993. 430-449.

[17] Mulhem P，Leow W K，Lee Y K. Fuzzy conceptual graph for matching images of natural scenes[C]. In Proc. Int. Joint Conf. on Articial Intelligence. 2001. 1397-1402.

[18] 刘林. 应用模糊数学[M]. 西安：陕西科学技术出版社，1996.

[19] 张文修，王国俊，等. 模糊数学引论[M]. 西安：西安交通大学出版社，1992.

[20] 何新贵. 模糊知识处理的理论与技术[M]. 北京：国防工业出版社，1999.

[21] 王清印. 灰色数学基础[M]. 武汉：华中理工大学出版社. 1996.

[22] 刘思峰，郭天榜，方志耕，等. 灰色系统理论及其应用[M]. 3 版. 2004.

[23] 刘培奇，李增智，赵银亮. 扩展产生式规则知识表示方法[J]. 西安交通大学学报，2004，38(6)：587-590.

[24] 施鸿宝，王秋荷. 专家系统[M]. 西安：西安交通大学出版社. 1990.

第 3 章　基于数据挖掘技术的知识获取

在人工智能中，知识获取占据着十分重要的地位，特别是在专家系统中，知识获取能力表现为系统的自组织和自学习能力。知识获取有多种形式，本章主要利用数据挖掘技术，对基于 SNMP 协议的网络管理系统中告警数据库进行在线知识发现，找出隐藏在大量数据背后有意义的、潜在的、新颖的知识，为专家系统提供推理的依据。针对数据挖掘中关联规则挖掘算法的效率问题，分别从数据库约简性、数据项间的关联度、一次性数据库访问策略、数据项的模糊性几个方面设计了关联规则挖掘算法的改进算法 MARRD、FFIA、Apriori_ADO 和 MFARR 算法[1-3]。

3.1　知识获取的重要性和任务

知识获取是专家系统的一个重要研究课题，它是涉及领域专家、知识工程师及专家系统自身的一项复杂工程。由于诸多原因，知识获取仍是一件相当困难的工作，被认为是专家系统的"瓶颈"。知识获取的困难首先在于知识本身的广袤性、模糊性和不确定性，再加上与领域专家的配合性，更增加了知识获取的难度。

知识获取中必须完成以下工作[4]。

1. 知识提取

知识提取就是将蕴含于知识源中的知识经过识别、理解、筛选和归纳等手段抽取出来，建立知识库。知识源是多种多样的，常见的知识获取结构[5,6]如图 3.1 所示，它包括 3 种知识获取方法：

（1）简单学习。该模块面向用户、专家和包含有专业知识的文献，用于专家系统获取有关诊断对象结构功能等方面的知识。

（2）交互式学习。该模块面向知识工程师，获取由知识工程师处理过的各种不同类型的知识。这种知识获取是有目的的知识获取，并且在理解的基础上将领域知识形式化，转化为系统知识。

（3）KDD（Knowledge Discovery in Database）。该模块属于面向数据库系统的知识发现。例如，在网络故障诊断专家系统中，它主要对基于 SNMP 网络管理的陷阱（Trap）数据进行知识挖掘，找出告警关联规则，达到知识获取的目的。所谓 Trap，就是网络管理发现网络中出现某个紧急事件后，向网络管理服务器发送的 PDU。

在图 3.1 中，知识的主要来源是领域专家的专业知识和科技文献，但是还有相当一部分的知识来自于领域专家求解实际问题的经验和解决问题的实例。随着计算机网络的高速发展和广泛应用，网络中存储的数据量急剧上升，而且呈现日益扩大的态势，堪称海量数据。面对海量数据，如何从中提取有用的规律、模式和知识，充分利用历史数据更好地解决实际问题，是计算机科学家面临的新课题。KDD 就是在这样的背景下提出的。

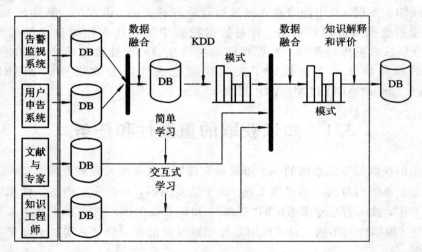

图 3.1　知识获取结构

KDD 最早于 1989 年在第 11 届国际人工智能联合会上提出，1997 年国际专业杂志"Knowledge Discovery and Data Mining"问世，标志着 KDD 已经成为一门独立的研究学科。知识发现有多种定义，其中 Usama M. Fayyad 关于 KDD 的定义是普遍接受的定义方式，他将 KDD 定义为[7-9]

定义 3.1　数据库中的知识发现是从大量数据中辨认出有效的、新颖的、潜在有用并可被理解的模式的高级处理过程。

下面对定义 3.1 中关于 KDD 定义的一些术语作进一步解释[10, 11]。

（1）数据（Data）：是一个有关事实的集合 F，用来描述与事物有关的信息，是知识发现的原始材料，比如在关系数据库中有关关系的实例。

（2）模式（Pattern）：设事实集合 F 的数据特性可用语言 L 描述，E 是用 L 表示的表达式。若用 E 描述的事实数据集合 $F_E \subseteq F$，即 $E \in F$，则称 E 是一个模式。如果说表达式 E 为模式。仅当 E 比对枚举 F_E 中所有事实更简单。

可以看出，数据挖掘中的模式与模式识别中的模式是两个不同的概念。实际上，模式是一种更简单、更抽象的数据描述形式。这里可用个人计算机 Windows 操作系统中 DOS 状态下对文件名的列表方式说明模式的概念。假设当前文件夹中有 ABC. c、BC. BAS、STUD. PAS、MYFILE. c、LDADFILE. c 和 SAVEFILE. c 6 个文件，若要列出后面 3 个文件，可用命令"dir $*$ file. c"实现。这里的" $*$ file. c"就是一种模式。

（3）过程（Process）：在 KDD 中的过程为高层次的过程，它不仅仅指对数据进行简单的数值运算和查询，而且还具有一定的智能性和自动性。KDD 的过程包括数据准备、模式搜索、知识评价以及某些反复与细化。

（4）有效性（Validity）：指发现的模式对新数据应在一定确信度上是成立的。

（5）新颖性（Novel）：是一个相对标准，它表现在：① 将当前得到的数据同过去的数据或期望得到的数据进行比较，来判断模式的新颖程度；② 将新发现的知识同过去的知识进行比较，根据知识变化的程度来度量模式的新颖程度。

（6）潜在有用性（Potentially Useful）：提取的模式应具有潜在的应用价值。这种有用性可用效用函数（Utility Function）来度量。

（7）可理解性（Understandable）：KDD 的目标之一就是帮助人们更好地理解数据，将数据库中隐藏的模式以可理解的形式表现出来，以便人们更好地掌握数据库中的数据。可理解性通常以某种简单规则描述，这也是知识发现同以往知识获取的最大区别。

KDD 是对知识发现整个过程的描述，而数据挖掘则是整个 KDD 中的一个关键步骤[12-14]，但是这两个术语通常等价使用。Usama M. Fayyad 等人在 1996 年提出的知识发现的处理模型[15]（详见图 3.2）中说明了数据挖掘与知识发现的关系。KDD 处理的步骤包括：

（1）数据准备：主要任务是了解 KDD 相关领域的背景知识，按照用户的要求准备原始数据。

（2）数据选择：根据用户的要求从数据库中提取与 KDD 相关的数据集，KDD 将主要从这些数据中提取知识。

（3）数据预处理：对现实世界中的数据进行数据清理，检查所选择数据的完整性、一致性，纠正数据集中的噪音数据，对不完整的数据利用统计方法进行空值填充。

（4）数据转换：对经过预处理的数据，根据知识发现的任务对数据进行再处理，将数据转换成适合数据挖掘的形式。数据转换主要涉及数据平滑、数据聚集、数据的规格化和数据的概念化等技术。

（5）数据挖掘：对数据集中的数据从低层抽象到高层次的一个泛化过程。在数据挖掘中，首先要根据用户的要求确定 KDD 的目标，确定 KDD 挖掘的知识类型，选择合适的算法，然后从数据集合中提取出用户感兴趣的知识。

（6）模式解释：对所发现的模式进行评价与解释，决定是否将挖掘出的知识存入知识库。为了取得用户满意的知识，有时可能要返回到以前的某些步骤进行修正，重新完成知识挖掘和知识的解释与评价，直至得到有效的知识。

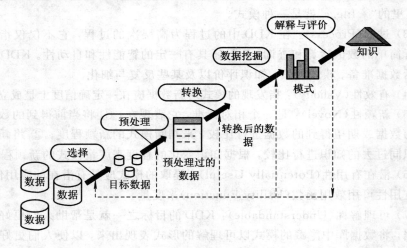

图 3.2　知识发现的处理模型

目前，KDD 作为数据库中挖掘知识的主要手段，已经应用于各个领域。本章主要研究利用 KDD 技术在网络故障信息数据库中挖掘有关网络故障关联规则（Association Rules）的技术，为网络故障诊断专家系统提供故障分析、故障诊断、故障定位和系统推理的依据。

2. 知识转换

知识转换就是把知识由一种表示形式转换成另一种形式的过程。

知识源中有各种类型的知识。人类专家或科技文献中的知识通常用自然语言、图形、表格等形式表示，而知识库中的知识是用计算机能够识别和运用的形式表示，两者之间差别很大。为了把专家或科技文献中的知识提取出来，供知识库求解问题时使用，就需要进行知识表示形式转换，即知识转换。知识转换一般分两步：首先把从知识源中提取的知识表示为专家系统中的某种知识结构，如产生式规则、框架、语义网络、概念图等形式；然后，把第一步得到的知识表示形式转换成计算机内部的知识表示形式，如在 Prolog 语言中的谓词形式。知识转换的第一步由知识工程师完成，而后一步由知识工程师和程序设计人员根据程序要求进行转换。

3．知识检测与求精

知识库中知识的质量直接影响到专家系统的性能，因此，必须对专家系统获取的知识进行检测，及时发现错误、纠正错误，避免造成不必要的损失。另外，对获取的知识进行检测，可以发现可能存在的知识不一致、不完整和知识冗余等问题。而知识的求精是对知识库中的知识去伪存真、去粗取精、提高知识库中知识质量的过程。在知识的求精和检测中应重点解决以下问题[4]：

（1）消除等价规则：当两条规则有相同的前提和相同的结论时，称这两条规则是等价规则。这两条规则中有一条为冗余，从中删除任意一条规则就消除了知识库中的等价规则。例如，规则 IF $P \wedge Q$ THEN R 和 IF $Q \wedge P$ THEN R 等价，删除任一规则即可。

（2）消除冗余推理链：在规则的推理过程中，至少有两条推理链的起始点和终点是相同的，则称推理中存在冗余推理链。设有从 P 到 Q 的冗余推理链路，知识库中所有规则的前提和结论组成的集合为 U，一条从 P 到 Q 的推理链中由前提和结论组成的集合为 L，则应删除推理链中满足关系式

$$(U - \{P, Q\}) \bigcap (L - \{P, Q\}) = \Phi$$

的所有规则。若从 P 到 Q 的所有链路都符合删除条件，则用 $P \rightarrow Q$ 规则代替它们。在图 3.3 中，设 $U = \{P, T_2, T_4\}$，$L_1 = \{P, Q, S_1, S_2, S_3\}$，$L_2 = \{P, Q, T_1, T_2, T_3, T_4\}$。因 L_1 满足删除条件，所以应将第一条推理链删除，消除冗余链路。

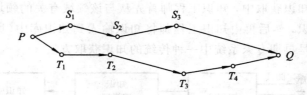

图 3.3　冗余推理链示意图

（3）冗余条件：如果有两条规则结论相同，前提中有部分互斥，则规则前提中的互斥部分为冗余条件，应删除冗余，并将两条规则合并。例如，IF $P \wedge Q$ THEN R 和 IF $P \wedge \neg Q$ THEN R 中的 Q 与 $\neg Q$ 为冗余，应该用 IF P THEN R 代替。

（4）矛盾：如果两条规则或规则推理链在相同的初始前提下得到互斥的结

论，或虽然它们有相同的结论，但是规则强度不同，则称它们是矛盾的。例如，IF $P \wedge Q$ THEN R 和 IF $P \wedge Q$ THEN $\neg R$ 是两条矛盾规则。对于矛盾规则和矛盾规则推理链，必须根据实际情况和领域专家处理实际问题时的经验进行取舍。

（5）规则从属：如果有两条规则的结论相同，但后一条规则的前提是前一条规则前提的子集，则称前一条规则是后一条规则的从属规则。例如，IF $P \wedge Q \wedge S$ THEN R 和 IF $P \wedge Q$ THEN R 是两条有从属关系的规则。第 2 条规则条件更宽泛，第 1 条规则是第 2 条规则的从属规则。对规则从属如何处理应充分征求领域专家的意见。

（6）推理环路：当一组规则的推理链路形成环路时，称它们构成了推理环路。例如，

$$\text{Rule1：IF } P \text{ THEN } R$$
$$\text{Rule2：IF } R \text{ THEN } Q$$
$$\text{Rule3：IF } Q \text{ THEN } P$$

则这 3 条规则就构成了推理环路。推理环路是知识库中最严重的错误，它可能导致专家系统产生死循环。当出现环路现象时，应根据领域专家的建议，对环路的某些规则进行适当修改，破坏环路条件，消除环路。

3.2　知识获取的常用方法

知识获取的方法有不同的划分形式，按照知识获取的自动化程度可将知识获取分为非自动知识获取和自动知识获取[4]。

1. 非自动知识获取

在非自动知识获取中，知识工程师首先从与该领域有关的领域专家和文献中得到有关知识，然后再由知识工程师将知识输入到知识库中（见图 3.4）。非自动知识获取是早期专家系统中一种传统的知识获取方法。

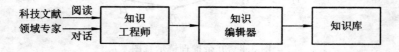

图 3.4　非自动知识获取

2. 自动知识获取

自动知识获取是指系统自身通过对话或阅读，从科技文献和领域专家那里获取知识。在自动知识获取中，可通过系统运行中的实例进行归纳和总结，得到解决问题的知识，还可通过对历史数据的分析，发现解决问题的知识。KDD

就是一种自动知识获取方法。

　　自动知识获取要求系统具有识别语音、文字、图像的能力，具有理解问题、分析问题、归纳问题的能力，具有从实践中学习的能力。自动知识获取涉及人工智能学科中的许多方面，如自然语言理解、模式识别、数据挖掘和机器学习等。因此，自动知识获取是今后很长一段时间内的主要研究方向。本章主要讨论通过数据挖掘中关联规则挖掘方法进行知识获取的问题。

3.3　关联规则挖掘

　　KDD 的核心技术是数据挖掘。所谓数据挖掘，就是一种从海量数据中提取潜在的和预测性知识的新方法，使人们能够最终认识数据的真正价值。自从数据挖掘提出之后，引起了学术界和工商业界的广泛关注。目前，在数据挖掘方面已提出了许多相关的理论、方法和工具，其中关联规则(Association Rules)挖掘是一种重要的数据挖掘模式。关联规则的概念最早由 R. Agrawal、T. Imielinski 和 A. Swami 于 1993 年提出，它是一种简单、实用的知识挖掘模式[16]。下面对关联规则挖掘中的一些重要概念和基本算法作简要介绍。

3.3.1　关联规则的基本概念

　　关联规则知识发现的主要对象为事务数据库(Transactional Database)。事务数据库由一系列的事务组成，事务又由一些事务项目组成，而项目在不同的应用中有不同的组成形式，它是关联规则知识挖掘中的最小单位。

　　R. Agrawal 等人提出的关联规则，最初用于对超市中顾客购买行为进行货篮分析，发现顾客的购买模式。目前，关联规则被用来描述事务数据库中事务项同时出现的规律性知识描述模式。在关联规则挖掘过程中要用到以下概念[17]。

　　定义 3.2　设 $I = \{i_1, i_2, \cdots, i_n\}$ 为项目集，则 DB$= \{\langle \text{Tid}, T \rangle \mid T \subseteq I\}$ 为事务数据库。其中，$i_k(k \in \{1, \cdots, m\})$ 为项目，T 为事务数据库中的事务，Tid 为事务数据库中事务 T 的唯一标识符。

　　实际上，事务数据库是一种非结构的数据库，经常以文件的形式出现。

　　定义 3.3　若 $X \subseteq I$，$Y \subseteq I$，且 $X \cap Y = \Phi$，则称蕴含式 $X \Rightarrow Y$ 为关联规则，其中 $X \subseteq I$ 和 $Y \subseteq I$ 表示 X 和 Y 分别为包含于项目集 I 中的用户模式。

　　定义 3.4　在事务数据库 DB 中，若包含 $X \cup Y$ 的事务有 $s\%$，则称关联规则 $X \Rightarrow Y$ 的支持度为 $s\%$；若在包含 X 的事务中，有 $c\%$ 的事务、包含 Y，那么称关联规则 $X \Rightarrow Y$ 的可信度为 $c\%$。形式化定义为

$$\text{SUPPORT}(X \Rightarrow Y) = P(X \cup Y)$$

$$\text{CONFIDENCE}(X{\Rightarrow}Y) = P(Y|X)$$

其中，SUPPORT 和 CONFIDENCE 分别表示关联规则的支持度和可信度。

关联规则的支持度和可信度分别反映了关联规则的重要性和准确度。在实际应用中，既可以使用支持度和可信度介于 0～1.0 之间的概率值，也可以使用 s% 和 c%，还可使用支持度和可信度的计数。对于事务数据库 DB，其支持度和可信度的计数为

$$\text{SUPPORT\_COUNTER}(X{\Rightarrow}Y) = P(X{\cup}Y) * |\text{DB}|$$
$$\text{CONFIDENCE\_COUNTER}(X{\Rightarrow}Y) = P(Y|X) * |DB|$$

其中，|DB| 为事务数据库中元组个数。

在关联规则挖掘中，用户经常用最小支持度（minsup）和最小可信度（minconf）控制知识挖掘结果。在数据挖掘中，随着知识发现进程的推进，用户根据对挖掘结果的满意程度随时调整最小支持度和最小可信度，直到挖掘出满意的知识模式为止。在关联规则挖掘中还用到频繁项集的概念，频繁项集可定义为

定义 3.5 若项集 X 在事务数据库中的支持度大于等于用户的最小支持度，则项集 X 为频繁项集，否则项集 X 为非频繁项集。

关联规则的另外两个参数是规则的期望可信度（Expected Confidence）和作用度（Lift），它们的定义如下：

定义 3.6 在事务数据库中，若 $e\%$ 的事务支持项目集 Y，则称 $e\%$ 为关联规则 $X{\Rightarrow}Y$ 的期望可信度，其概率形式的定义为

$$\text{EXPECTEDCONF}(X{\Rightarrow}Y) = P(Y)$$

期望可信度描述了在没有任何项目集影响的条件下，尤其是在没有 X 存在时，项目集 Y 本身的支持度。

定义 3.7 在事务数据库中，将可信度与期望可信度之比定义为关联规则 $X{\Rightarrow}Y$ 的作用度，即

$$\text{LIFT}(X{\Rightarrow}Y) = P(Y|X)/P(Y)$$

在关联规则中，作用度反映了项目集 X 的出现对项目集 Y 的影响程度。

在对事务数据库的关联规则挖掘中，作用度越大，说明项目集 X 对项目集 Y 的影响越小。一般情况下，有趣的关联规则的作用度应大于 1。只有当作用度大于 1 时，项目集 X 的出现对项目集 Y 才有促进作用；反之，挖掘出的关联规则是没有意义的。

在以上 4 概念中，支持度和可信度是经常用到的两个重要概念。

3.3.2 关联规则挖掘的经典算法

Apriori 是关联规则挖掘中的经典算法，整个算法可划分成两个子问题进

行处理。

（1）算法以频繁项集为基础，按照频繁项集的先验性知识和最小支持度 minsup，利用逐层搜索迭代的方法，依次找出频繁 1 项集 L_1、频繁 2 项集 L_2、频繁 3 项集 L_3……如此一直搜索下去，直到再也不能找到频繁 k 项集 L_k 为止。算法的搜索过程是在项目集组成的格空间中的宽度优先搜索。在算法搜索过程中，每当要找出一个频繁 i 项集 L_i 时，都要对事务数据库进行一次扫描。为了对搜索的宽度进行有效剪枝，用到了频繁项集的向下封闭性。

（2）根据频繁项集 L_i 和最小可信度 minconf 生成强关联规则。对于每一个频繁项集 X，若 $Y \subseteq X$，$Y \neq \Phi$，并且 CONFIDENCE$(Y \Rightarrow (X-Y)) \geqslant$ minconf，则构成强关联规则 $Y \Rightarrow (X-Y)$。

算法的第二部分相对比较简单，目前，对关联规则挖掘算法的研究主要集中在第一部分。由于算法要多次扫描事务数据库，对于数据量较大的数据库算法效率很低。如何提高关联规则的挖掘效率是数据挖掘中非常重要的一个研究方向。一般情况下，提高关联规则挖掘效率可从三个方面入手：第一是尽量减少扫描数据库的次数；第二是利用数据库的采样技术，从数据库中选择一个较小的样本数据子集，然后再对样本数据子集进行关联规则挖掘；第三是采用并行数据挖掘技术，数据挖掘属于并行程序设计中的数据密集性应用，将事务数据库划分成多个数据库，将其分布在并行机的各个节点上，同时完成关联规则挖掘。

自关联规则挖掘方法提出后，受到广大学者的广泛关注，并取得了丰硕成果[18-21]。目前，主要有对数据库中不同抽象层次上的关联规则挖掘、模糊关联规则挖掘、高效率的关联规则挖掘等。随着计算机网络的日益普及，Web 数据中关联规则挖掘将也是未来数据挖掘的重要课题。

3.4　基于数据库约简的关联规则挖掘算法

在关联规则挖掘中，Apriori 算法是一种经典算法。Apriori 算法的核心是在项集的幂集中，利用统计学的基本原理，通过多次扫描数据库，找出频繁项集（满足阈值的项集）。对于大型数据库，如何提高 Apriori 算法的挖掘效率是一个十分重要的课题。近 10 年中，许多研究人员对关联规则挖掘进行了大量研究，其工作主要是提高挖掘算法的效率，如 Savasere 等人设计了基于划分的算法 Partition[22]，Park 等人提出杂凑算法 DHP[23, 24]，Toivonen 等人的基于采样的方法 Sampling[25]、AprioriTid 和算法 AprioriHybrid[26]，还有基于剪枝技术的算法[27]、面向集合的挖掘算法[28]、多层次挖掘算法[29]、通用关联规则挖掘算法[30]等。这些算法虽然利用了一些策略进行了一定的优化，但是在实际应用中还不很理想，尤其是在大型数据库中其挖掘效率较差。在本节中，作者通过对 Apriori 算法的挖掘过程和事务数据库特性的充分分析，研究了约简事务数据库中项集的方法，并设计了 MARRD(Mining Association Rules by Reducing Database)算法。该算法可有效地约简事务数据库中的事务，提高挖掘关联规则的效率。MARRD 算法特别适合对大型数据库的关联规则挖掘，并且已应用在网络故障诊断专家系统的知识获取中。

3.4.1　事务数据库约简原理

关联规则挖掘的目的就是在海量的数据中找出具有用户指定的最小支持度和最小可信度的关联规则。作者经过对挖掘过程中频繁项集和非频繁项集的性能分析，总结了事务数据库记录的可约简特性，并将向下封闭性[8]和约简特性分别以定理的形式给出。有关关联规则的基本概念在许多文献[17]中都有介绍。

定理 3.1　设 $X \subseteq I$，$Y \subseteq I$，$X \subseteq Y$。若 Y 是频繁项集，则 X 必为频繁项集，其中 I 是事务数据库中所有事务的不同项集组成的集合。

定理 3.2　设 $X \subseteq I$，$Y \subseteq I$，$X \subseteq Y$。若 X 为非频繁项集，则 Y 必为非频繁项集。

证明：用反证法进行证明。

假设 Y 为频繁项集。因为 $X \subseteq Y$，由定理 3.1 可知 X 必为频繁项集，这与 X 为非频繁项集矛盾。因此，若 X 为非频繁项集，则 Y 必为非频繁项集。■

定理 3.3　设 L_k 为 k 项频繁项集。若 $T \subseteq I$，且 $|T| = k$，则事务 T 为可删除事务数据库记录。

证明：该定理的结论显然成立。

假设已挖掘出 k 项频繁项集 L_k，当 $|L_k| \neq 0$ 时，就要生成 $k+1$ 候选项集 C_{k+1}，作为挖掘 L_{k+1} 的准备。

在挖掘 L_{k+1} 中，扫描事务数据库 D，对集合 C_{k+1} 的元素统计计数。在计数中，任何基数等于 k 的事务 T 对 C_{k+1} 的计数没有影响，它与 L_{k+1} 的挖掘无关。同理，所有基数等于 k 的事务 T 对挖掘 $L_i(i>k+1)$ 也没有关系。因此，在挖掘 L_k 后，任何基数等于 k 的事务 T 都可以删除。■

定理 3.4　设 $X \subseteq I$，$Y \subseteq I$，$X \subseteq Y$，并且 $|Y| = |X| + 1$。若 X 为非频繁项集，则 Y 为非频繁项集，并且 Y 及 Y 的子集为可删除项集。

证明：证明分为两步：

首先，证明 Y 为非频繁项集。因为 $X \subseteq Y$，且 X 为非频繁项集，由定理 3.2 知，Y 必为非频繁项集。

其次，证明在 Y 中再没有任何未知频繁项集。假设已挖掘出项集 X，$|X|=k$，由 $|Y|=|X|+1$ 得 $|Y|=k+1$。不妨设 $X=\{t_{i1}, t_{i2}, \cdots, t_{ik}\}$，$Y=X\cup\{t_{im}\}$，则 Y 的基数为 k 的子集（共有 $k+1$ 个）：

$$\{t_{i1}, t_{i2}, \cdots, t_{ik}\}, \{t_{i1}, t_{i2}, \cdots, t_{ik-1}, t_{im}\},$$

$$\{t_{i1}, t_{i2}, \cdots, t_{ik-2}, t_{ik}, t_{im}\}, \cdots, \{t_{i2}, t_{i3}, \cdots, t_{ik}, t_{im}\}$$

以上子集在挖掘 k 项集后其频繁性均为已知。因此，在以后的频繁项集的挖掘中，集合 Y 及 Y 的子集为可删除项集。∎

例如，有非频繁项集 $\{a, b, c\}$ 和任意项集 $\{d\}$，则 $\{a, b, c, d\}$ 为非频繁项集，它的基数为 3 的子集 $\{a, b, c\}$、$\{a, b, d\}$、$\{a, c, d\}$ 和 $\{b, c, d\}$ 的频繁性在挖掘 $\{a, b, c\}$ 时均为已知。因此，可从数据库中删除事务 $\langle \mathrm{Tid}, \{a, b, c, d\}\rangle$，其中 Tid 为整个事务数据库中全局唯一的标识符。

定理 3.5　设 $X\subseteq I$，$Y\subseteq I$，并且 $|Y|=2$，$|X|\geqslant 2$。若 X、Y 为非频繁项集，则 $X\cup Y$ 为非频繁项集，并且 $X\cup Y$ 及 $X\cup Y$ 的子集均为可删除的项集。

证明：因为 X，Y 为非频繁项集，所以由定理 3.2 知，$X\cup Y$ 必为非频繁项集。现在证明 $X\cup Y$ 无任何未知频繁项集。设 $X=\{t_{m1}, t_{m2}, \cdots, t_{mk}\}$，$Y=\{t_{n1}, t_{n2}\}$，$k\geqslant 2$，则 $X\cup Y$ 的基数为 $k+1$ 的子集为

$$\{t_{m1}, t_{m2}, \cdots, t_{mk}, t_{n1}\}, \{t_{m1}, t_{m2}, \cdots, t_{mk}, t_{n2}\},$$

$$\{t_{m1}, t_{m2}, \cdots, t_{mk-1}, t_{n1}, t_{n2}\}, \{t_{m1}, t_{m2}, \cdots, t_{mk-2}, t_{mk}, t_{n1}, t_{n2}\},$$

$$\{t_{m1}, t_{m2}, \cdots, t_{mk-3}, t_{mk-1}, t_{mk}, t_{n1}, t_{n2}\}, \cdots,$$

$$\{t_{m2}, t_{m3}, \cdots, t_{mk}, t_{n1}, t_{n2}\}$$

这 $k+1$ 个项集或为 X 的超集，或为 Y 的超集，根据定理 3.2 知，它们全为非频繁项集，并且它们的基数为 k 的子集已在挖掘 k 项集后均为已知。因此，在以后的数据挖掘中，集合 $X\cup Y$ 及 $X\cup Y$ 的子集为可删除项集。∎

例如，$\{a, b, c\}$ 和 $\{d, e\}$ 为非频繁项集。根据定理 3.4，则 $\{a, b, c, d, e\}$ 的基数为 4 的子集 $\{a, b, c, d\}$、$\{a, b, c, e\}$、$\{a, b, d, e\}$、$\{a, c, d, e\}$ 和 $\{b, c, d, e\}$ 为非频繁项集，并且项集 $\{a, b, c, d, e\}$、$\{a, b, c, d\}$、$\{a, b, c, e\}$、$\{a, b, d, e\}$、$\{a, c, d, e\}$ 和 $\{b, c, d, e\}$ 为可删除项集。

从以上例子可以看出，经过 $|\{d, e\}|-1$ 次求子集，就可以判定 $\{a, b, c, d, e\}$ 的频繁性，并且可以判定 $\{a, b, c, d, e\}$ 及其子集的可删除性。对于任意两个非频繁项集，若较小非频繁项集的基数等于 k，则经过 $k-1$ 次求解子集及判定子集的可删除性，就可以断定这两个非频繁项集的并集及其子集的可删除性。由这种性质，可得到如下推论：

推论　设 $X\subseteq I$，$Y\subseteq I$，$|X|\geqslant|Y|$，X、Y 为非频繁项集。若 $|Y|\geqslant 2$，则 $X\cup Y$ 为非频繁项集，并且可经过求基数为 $|X\cup Y|-1$、$|X\cup Y|-2$、…、

$|X\cup Y|-|Y|+1$ 子集的频繁性，判定集合 $X\cup Y$ 的可删除性。

定理 3.6 设 $X\subseteq T$，$Y\subseteq T$，X、Y 为非频繁项集。若 X（或 Y）的所有子集为非频繁项集，则 $X\cup Y$ 为可删除非频繁项集。

证明： 因为 X 为非频繁项集，所以 $X\cup Y$ 亦为非频繁项集。

现在要证明 $X\cup Y$ 无任何频繁项子集。设 $(\forall W)(W\subseteq X)$，$(\forall Z)(Z\subseteq Y)$，则 $X\cup Y$ 的子集属于下列情况之一：

（1）由 X 的子集和 Y 组成。

子集的形式为 $W\cup Y$，因为 Y 为非频繁项集，所以 $W\cup Y$ 为非频繁项集（根据定理 3.2）。

（2）由 Y 的子集和 X 组成。

子集的形式为 $Z\cup X$，因为 X 为非频繁项集，所以 $Z\cup X$ 为非频繁项集（根据定理 3.2）。

（3）由 X 的子集和 Y 的子集组成。

子集的形式为 $W\cup Z$，因为 X、Y 为非频繁项集，所以 $W\cup Z$ 为非频繁项集（根据定理 3.2）。

由以上 3 种情况可以看出，$X\cup Y$ 的任何子集全为非频繁项集。因此，可从事务数据库中删除事务项集 $X\cup Y$。■

在具体判定 $X\cup Y$ 的可删除性时，若将集合的子集的生成过程构造成树型结构，则只需生成以 $X\cup Y$ 为根，高度为 $\min\{|X|,|Y|\}-1$ 的树即可。例如，设有非频繁项集 $\{a,b,c,d\}$ 和 $\{e,f,g\}$，则集合 $\{a,b,c,d,e,f,g\}$ 为非频繁项集。因为 $\{a,b,c,d\}$ 和 $\{e,f,g\}$ 为非频繁项集，则基数为 6 的子集 $\{a,b,c,d,e,f\}$，$\{a,b,c,d,e,g\}$，$\{a,b,c,d,f,g\}$，$\{a,b,c,e,f,g\}$，$\{a,b,d,e,f,g\}$，$\{a,c,d,e,f,g\}$，$\{b,c,d,e,f,g\}$ 为非频繁项集。假设 $\{e,f,g\}$ 的所有子集为非频繁项集，则 $\{a,b,c,d,e,f\}$ 基数为 5 的子集 $\{a,b,c,d,e\}$，$\{a,b,c,d,f\}$，$\{a,b,c,e,f\}$，$\{a,b,d,e,f\}$，$\{a,c,d,e,f\}$，$\{b,c,d,e,f\}$ 为非频繁项集。同理，其他几个基数为 6 的子集亦为非频繁项集。另外由 $\{a,b,c,d\}$ 知，基数为 4 的项集的频繁性已知，因此集合 $\{a,b,c,d,e,f,g\}$ 为可删除项集。

实际上，若 X 与 Y 的所有子集的频繁性已知时，定理 3.6 证明中的情况（3）可再分为三种情况：

（1）若 W 或 Z 为非频繁集时，$W\cup Z$ 为非频繁项集，可删除。

（2）$|W\cup Z|\leqslant\max\{|X|,|Y|\}$ 时，其频繁性已知，不必再统计。

（3）$|W\cup Z|>\max\{|X|,|Y|\}$ 时，且 W 与 Z 全为频繁集时，则 $X\cup Y$ 可

用集合 $\{t|t\in(W\cup Z)\wedge W\in L_i\wedge Z\in L_j, i, j\in\{1, 2, \cdots, \max\{|X|, |Y|\}\}$ 代替。

实践证明，当 $||X|-|Y||$ 越大时，定理对数据库删除的效果越好。

以上定理是建立新算法的理论基础。考虑到构造算法的复杂性，在本书中不考虑定理 3.6 的情况。

3.4.2　MARRD 算法的设计

经过对频繁项集挖掘过程和项集之间的关系进行分析，发现每次挖掘中，事务数据库都有许多冗余记录。可以将减少事务数据库的事务个数作为突破口，利用定理 3.3、定理 3.4 和定理 3.5 约简事务数据库，达到减小事务数据库容量的目的。具体约简事务数据库的准则如下：

准则 3.1　在挖掘完 L_k 后，事务数据库中的基数为 k 的事务对以后的挖掘没有频繁度贡献，因此就可将事务数据库中基数为 k 的事务删除。

准则 3.2　在挖掘完 L_k 后，所有基数为 k 的非频繁项集的基数为 $k+1$ 的超集仍是非频繁项集，它对以后的 L_{k+1} 频繁项集的挖掘没有影响，因此可将它们及它们的子集从事务数据库中删除。

准则 3.3　在挖掘完 L_k 后，基数为 k 的非频繁项集的 $k+2$ 超集是非频繁项集。若基数为 $k+2$ 的非频繁项集与基数 k 的非频繁项集的差集是非频繁项集，则其 $k+2$ 基数非频繁项集的 $k+1$ 基数的子集是非频繁项集，因此可将 $k+2$ 基数非频繁项集及它们的子集从事务数据库中删除。

根据以上 3 条准则，在 R.Agrawal 等设计的经典算法的基础上，设计一个基于两阶段思想的算法。该算法将规则挖掘问题分解为两个子问题：首先，找出所有支持度大于最小支持度的频繁项集；然后利用上一步中的频繁项集产生期望的关联规则。由于第二步相对比较简单，下面仅给出查找所有频繁项集的MARRD 算法。MARRD 算法可简单描述如下：

算法 3.1　MARRD 算法

Input：DB, minsup　　// DB 是事务数据库，minsup 为最小支持度

Output：Results　　　　// Results 为所有频繁项集

Begin

（1）　　Result：={}；

（2）　　k：=1；

（3）　　C_k：= { 1-itemsets }；

（4）　　While(C_k) do

（5）　　Begin

(6)　　　　　为 C_k 中的每一个项集生成一个计数器；

(7)　　　　　For i：＝1 to i＜＝|DB| do

(8)　　　　　Begin

(9)　　　　　　　If |T_i|＝k－1 then delete T_i；

　　　　　　　　　　　　　　// T_i 为事务数据库的第 i 个事务

(10)　　　　　　　If $X \subseteq S_{k-1}$ and |T_i|＝k＋1 and $T_i － X \subseteq S_2$ then delete T_i and it's subset；

(11)　　　　　　　If $X \subseteq S_{k-1}$ and |T_i|－|X|＝0 then delete T_i and it's subset；

(12)　　　　　　　对事务 T_i 支持的 C_k 中的每个项集计数；

(13)　　　　　End

(14)　　　　　$L_k＝\{c|\ c \in C_k, \text{c. counter}/|DB| \geqslant \text{minsup}\}$；

(15)　　　　　$S_k＝\{c|\ c \in C_k, \text{c. counter}/|DB| ＜ \text{minsup}\}$；

(16)　　　　　If(k＝＝2) then $S_2＝S_k$；

(17)　　　　　L_k 的支持度保留；

(18)　　　　　Result：＝Result$\cup L_k$；

(19)　　　　　k＝k＋1；

(20)　　　　　$C_k＝\{P|P \in L_{k-1} \times L_{k-1} \wedge |P|＝k \wedge \forall X \subseteq P \Rightarrow X \in L_{k-1}\}$；

(21)　　　Enddo

(22) End

该算法首先产生频繁 1 项集 L_1，然后是频繁 2 项集 L_2，直到有某个 k 值使得候选集 C_k 为空时，该算法停止。算法在第 k 次循环中，先产生 k 项集的候选项集合 C_k，C_k 中的每一个项集由两个 L_{k-1} 连接产生。C_k 中的每个元素需在交易数据库中进行验证，决定是加入 L_k，还是加入 S_k（S_k 是 k 项非频繁项集）。在每次扫描事务数据库时，利用 S_2 和 S_k 对事务数据库的事务进行约简。

3.4.3　MARRD 算法的性能分析

MARRD 算法与 Apriori 算法的总体结构类似，它与 Apriori 算法的根本差别体现在每次 k 项集挖掘完成后，需根据非频繁项集的特性，约简事务数据库 DB。这两个算法的渐近时间复杂度都为 O(|DB|)。为了比较精确地比较两个算法的时间复杂性，假设事务数据库 DB 中事务数为 n，最小支持度为 s％时，循环 k 遍后算法结束。在整个挖掘的过程中，候选项集平均基数为 p，非频繁项集的平均基数为 m，频繁项集的平均基数为 l，每遍平均约简 r 条事务，总共约简 t 条事务($t＝kr$)。在表 3.1 中详细地列出了两个算法的分析结果。

表 3.1　算法时间计算

语句序号	语句功能	Apriori 算法时间	MARRD 算法时间
1	Result 初始化	1	1
2	k 初始化	1	1
3	由 DB 生成 1 项集	n	n
4	While 循环 k 次	k 次	k 次
6	为各项生成计数器	p	p
7	for 循环	n 次	$n-(I-1)$
9	按定理 3.3 删除冗余事务		1
10	按定理 3.4 删除冗余事务		$m[n-(I-1)r]$
11	按定理 3.5 删除冗余事务		$m[n-(I-1)r]$
12	给每个项集计数	p	p
14	筛选频繁项集	p	p
15	筛选非频繁项集		p
16	给非频繁 2 项集赋值		m
17	保留支持度	1	1
18	更新 Result	1	1
19	k 增加 1	1	1
20	求新的候选项集	$l(l+1)/2$	$l(l+1)/2$

说明：表 3.1 中的语句序号从语句"Result：={}"开始计算。

对于大型事务数据库，n 通常很大，其他较小的常数项可以忽略，所以算法 Apriori 总的时间代价约为

$$T_{\text{Apriori}} \approx \text{pkn} + \frac{l(l+1)}{2}k \qquad ①$$

其中，第 1 项为 k 遍扫描数据库进行计数的时间代价；第 2 项为生成候选项集的时间代价。对于 MARRD 算法总的时间代价约为

$$T_{\text{MARRD}} \approx \sum_{i=1}^{k} p[n-r(i-1)] + \sum_{i=1}^{k} m[n-r(i-1)] + \frac{l(l+1)}{2}k$$

其中，第 1 项为 k 遍扫描数据库进行计数的时间代价；第 2 项为对事务数据库进行约简的时间代价；最后一项为生成候选项集的时间代价。可将 T_{MARRD} 化简为

$$T_{\text{MARRD}} \approx pkn + mkn - \frac{r}{2}k^2(p+m) + \frac{l(l+1)}{2}k \qquad ②$$

下面分 3 种情况对式①和②进行讨论，在讨论中将用到等式 $t=kr$ 和 $p=m+l$。

（1）当式①和②相等时，两种算法挖掘关联规则的效率相同，即

$$mkn = \frac{k^2 r(p+m)}{2}$$

经化简得 $n=t\left(1+\dfrac{l}{2m}\right)$。令 $\rho=\dfrac{l}{2m}$ 为频繁项集与非频繁项集的平均比率，则 $n=t(1+\rho)$。

（2）当式①的值大于式②的值时，MARRD 算法挖掘关联规则的效率高于 Apriori 算法，也就是 $mkn < k^2 r(p+m)/2$。经化简得 $n < t(1+\rho)$。

（3）当式①的值小于式②的值时，Apriori 算法挖掘关联规则的效率高于 MARRD 算法，也就是 $mkn > k^2 r(p+m)/2$。经化简得 $n > t(1+\rho)$。

下面用两个简单的例子对两个算法的挖掘情况作进一步说明。

例 3.1 图 3.5 是一个有 10 个事务的数据库，令最小支持度计数为 3，进行关联规则挖掘。该图是应用 MARRD 算法的挖掘过程，如果去掉 S_1、S_2、S_3、事务数据库 1、事务数据库 2 和事务数据库 3，就是标准的 Apriori 算法的挖掘过程。

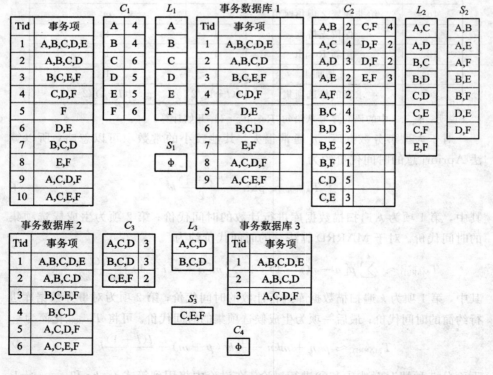

图 3.5　MARRD 算法的挖掘过程 1

经过计算，$n=10$，$t=7$，$\rho=1$，$t(1+\rho)=14$，$n<t(1+\rho)$，符合上面的第 2 种情况，因此 MARRD 算法效率比较高。

例 3.2　图 3.6 是一个有 10 个事务的数据库，令最小支持度计数为 3，进行关联规则挖掘。该图是应用 MARRD 算法的挖掘过程。

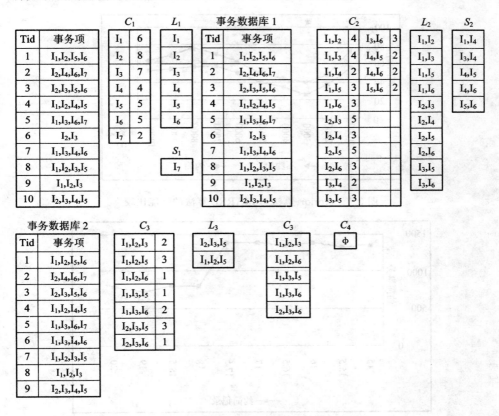

图 3.6　MARRD 算法的挖掘过程 2

经过计算，$n=10$，$t=1$，$\rho=0.8$，$t(1+\rho)=2.8$，$n>t(1+\rho)$，属于第 3 种情况，因此 MARRD 算法的效率比 Apriori 算法差。形成这种情况的主要原因是 MARRD 算法能够约简的事务太少（t 较小），而算法中的 9，10，11，15 和 16 语句又要消耗时间。一般情况下，算法 MARRD 在 t 较大时，可有效减少数据库中事务。对大型数据库，可将约简后的数据库装入内存，减少 I/O 次数，提高算法效率。

算法 MARRD 已在 P-Ⅳ计算机上用 VC++ 6.0 实现，并且用模拟生成的事务个数依次为 1000、2000、3000，直到 10 000 的 10 个事务数据库进行挖掘测试。测试曲线见图 3.7 和图 3.8。在图 3.7 中，横轴表示数据库的事务数，纵轴表示挖掘不同数据库的时间（单位为秒），两条曲线分别表示了 Apriori 算法和 MARRD 算法对同一数据库的挖掘性能（最小支持度为 15）；在图 3.8 中，横轴为 10 个不同的最小支持度，纵轴为对数据库事务的约简个数，曲线记录了 MARRD 算法对 10 000 条记录用不同最小支持度挖掘的事务约简曲线。

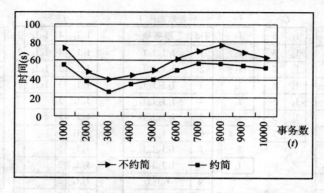

图 3.7　Apriori 算法与 MARRD 算法的性能比较

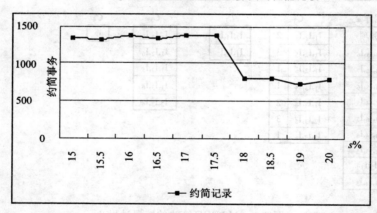

图 3.8　不同最小支持度下算法 MARRD 约简事务

　　从图 3.7 可以看出，MARRD 算法的性能优于经典算法。当 t 值较大时，约简效果更加明显。一般情况下，事务数据库的事务对挖掘算法的效率都有一定的影响。在图 3.8 中，显示出支持度 $s\%$ 同约简的事务数间的关系：当 $s\%$ 较小时，约简的事务数为 0；随着 $s\%$ 的增大，约简的事务数增多；当 $s\%$ 增大到一定程度时，约简的事务数减小。实际上 MARRD 算法在执行中的效率不但和以上的参数 n,s,k,p,m,t,l 有关，还和事务数据库事务的组成、约简的时机有关。若能在算法的开始几步中有效地约简事务，将可从时间和空间上获得很好的效果。

3.4.4　MARRD 算法挖掘结果的评价

本节讨论了事务数据库的项集特性，提出了约简事务数据库的方法。根据所提出的方法，设计了 MARRD 算法，并且对算法进行了详细分析。该算法能有效地约简事务数据库的事务数，提高关联规则的挖掘效率。通过测试，约简事务数据库事务数的关联规则挖掘算法在通常情况下优于 Apriori 算法，但是当事务数据库的约简性很差，也就是 $n > t(1+\rho)$ 时，算法 MARRD 的性能较差。因此，算法 MARRD 还需要进一步改进。

3.5　基于关联度的关联规则挖掘算法

在经典算法 Apriori 中，发现频繁项集的过程是在项集组成的格空间上的广度优先搜索。目前有许多学者提出了多种 Apriori 的变种算法，如 AprioriTID 和 AprioriHybird 算法[17]等，但对于海量数据库，扫描数据库的次数和搜索宽度仍是算法执行效率的瓶颈，此时算法的时间复杂度与数据库的规模和项集的基数密切相关。本节在频繁项集基础上，引入关联度、可增长频繁项集和有序项集树的概念。通过计算项集间的关联度，减小候选项集的基数，提高关联规则挖掘效率。

有序项集树是对关联规则挖掘中搜索项集的动态描述，而关联度是对有序项集树的生长能力的形象刻画。经过对频繁项集的研究，发现所有频繁项集未必都是可增长频繁项集，凡是可增长频繁项集必然是频繁项集。根据这条结论，利用每次计算的关联度，生成可增长频繁项集，再利用可增长频繁项集生成候选项集。在生成候选项集中充分利用了关联度与可增长频繁项集的反单调性，对搜索空间进行有效剪枝，减少生成的候选项集的基数，使每次生成的候选项集更接近将要挖掘出的频繁项集，减少了搜索宽度，提高了关联规则的挖掘效率。在以上研究的基础上，本节设计了基于关联度的关联规则挖掘算法 FFIA(Find Frequent Itemsets by Association)。经过测试，在事务数据库中算法 FFIA 的效率明显高于算法 Apriori。

3.5.1　基本概念

R. Agrawal 等人提出的关联规则成为描述事务数据库中事务项同时出现规律的知识模式。通过对关联规则挖掘过程的分析，提出以下概念。

定义 3.8　设频繁项集 $X \in L_k$，$Z \subset I$，$X \cap Z = \Phi$。在数据库中若有 $a\%$ 的事务 $X \cup Z$，则称事务 X 对项集 Z 的关联度为 a，简称 X 的关联度为 a。其中，

L_k 为模式长度为 k 的频繁项集。此定义的形式化描述为

$$\text{ASSOCIATION}(X) = P(X \cup Z)$$

项集 X 的关联度计算很简单，它可在计算支持度的同时对关联度完成计算。例如，在图 3.9 中，当最小支持度为 30% 时，可得到 $L_2 = \{\text{AC, AD, BC,}$ BD, CD, CE, CF, EF}。对于 L_2 中的元素 AC，AC 在第 1 个记录中可与 D，E 关联生成新项。在第 2 个记录中可与 D 关联生成新项，在第 9 个记录中可与 D，F 关联生成新项，在第 10 个记录中可与 E，F 关联生成新项。因此，AC 的关联度 $\text{ASSOCIATION}(\{A, C\}) = 4$。

定义 3.8 中的关联度的概念描述了一个项集同其他项的关联程度，它反映了一个频繁项集进一步生成更高维候选项集的能力。在利用 L_k 生成 C_{k+1} 时，关联度 ASSOCIATION 可进一步对候选项集进行约简，使 C_{k+1} 更贴近频繁项集 L_{k+1}，提高关联规则的挖掘效率。为了反映关联度、支持度和频繁项集的向下封闭性及挖掘关联规则的过程，根据枚举树[31-33]的概念，作者在本书中引入有序项集树表示方法。有序项集树可定义为

定义 3.9 有序项集树是一颗有序树，

（1）根节点为空集 Φ。

（2）项集 I 对应的有序序列 $i_1, i_2, \cdots, i_n$ 为根节点的 n 个子节点。

（3）对树中任意节点 $i_k, i_{k+1}, \cdots, i_{k+l} (1 \leqslant i_k < i_{k+1} < \cdots < i_{k+l} \leqslant n)$，它的 m 个子节点依次为

$$i_k i_{k+1} \cdots i_{k+l} i_{k+l+1}, \ i_k i_{k+1} \cdots i_{k+l} i_{k+l+2}, \ \cdots, \ i_k i_{k+1} \cdots i_{k+l} i_{k+l+m}$$

其中 $m = n - k - l$。由符合以上 3 点的节点组成的树型结构称为有序项集树。

在定义 3.9 中，树中的节点是有序的。这种序既可以是事务项间的自然顺序，也可以是对数据库挖掘时的先验知识。图 3.9 事务数据库对应的有序项集树如图 3.10 所示。在图 3.10 中，Φ 为树根，它的子节点依次为 A，B，C，D，E 和 F，节点 A 的子节点为 AB，AC，AD，AE 和 AF。在整个有序项集树中，生成的节点是按照最初项集中规定的顺序依次生成的。从定义 3.9 可以看出，项集组成的格与有序项集树都形象地刻画了关联规则的挖掘过程，由于项集的格反映了项集间的包含关系，而有序项集树反映了项集间生成超集的关系，因此有序项集树能更好地反映关联规则挖掘的动态过程。

Tid	事务
1	A, B, C, D, E
2	A, B, C, D
3	B, C, E, F
4	C, D, F
5	F
6	D, E
7	B, C, D
8	E, F
9	A, C, D, F
10	A, C, E, F

图 3.9 事务数据库

定义 3.10　在事务数据库中，若频繁项集 X 的关联度大于等于用户的最小支持度，则称项集 X 为可增长频繁项集，否则称 X 为非增长频繁项集。

定理 3.7　对有序项集树中频繁项集 X，若 ASSOCIATION $(X)<$minsup，则节点 X 的子节点必为非频繁项集。

证明：设 X 为有序项集树中的频繁项集。通过扫描事务数据库，对项集 X 计算支持度和关联度。由定义 3.8 知，项集 X 的关联度为 a，即对有序项集树中的项 i_k，$X\cup\{i_k\}$ 在事务数据库中的计数为 $aX|\mathrm{DB}|$。若 ASSOCIATION $(X)<$minsup，则 $X\cup\{i_k\}$ 在数据库中计数小于用户的最小支持度计数，因此频繁项集 X 的子节点必为非频繁项集。■

从定理 3.7 的证明过程可以看出，利用关联度可进一步对频繁项集生成的候选项集进行约简。该定理可按集合论的观点描述为：对任意频繁项集 X，若 ASSOCIATION$(X)<$minsup，则 X 的超集必为非频繁项集。

定理 3.8　对于任意项集 X，X 的关联度小于等于项集 X 在事务数据库中出现的频率，即 ASSOCIATION$(X)\leqslant$SUPPORT(X)。

证明：对于任意的项集 X 和任意项 i，按照项集的关联度和支持度的定义，有

$$\mathrm{SUPPORT}(X)=P(X)$$

$$\mathrm{ASSOCIATION}(X)=P(X\cup\{i\})=\mathrm{SUPPORT}(X\cup\{i\})=P(X\cup\{i\})$$

项集 X 和项集 $X\cup\{i\}$ 是有序项集树中具有父子关系的两个节点。在有序项集树中，任意节点的支持度都不小于其子节点的支持度，并且树中任意分支从根节点到叶节点的支持度是单调递减的。因此，SUPPORT$(X\cup\{i\})\leqslant$SUPPORT(X)，即 ASSOCIATION$(X)\leqslant$SUPPORT(X)。■

定理 3.9　若一个项集 X 为非频繁项集，则 X 必然是非增长项集；若 X 为可增长频繁项集，则 X 必为频繁项集。

证明：对于任意项集 X，若 X 为非频繁项集，则 SUPPORT$(X)<$minsup，由定理 3.8 知，ASSOCIATION$(X)\leqslant$SUPPORT(X)，所以 ASSOCIATION$(X)<$minsup，由定义 3.10 知，X 必为非增长项集；反之，若 X 为可增长频繁项集，则 ASSOCIATION$(X)\geqslant$minsup，由定理 3.8 知，ASSOCIATION$(X)\leqslant$SUPPORT(X)，所以 SUPPORT$(X)\geqslant$minsup，由定义 3.10 知，X 必为频繁项集。■

在图 3.9 中，当最小支持度为 30% 时，$L_2=\{$AC, AD, BC, BD, CD, CE, CF, EF$\}$，按关联度和支持度的定义可计算出 L_2 中各元素的支持度计数向量和关联度计数向量分别为 (3，4，3，5，3，4，3) 和 (3，4，3，5，3，4，2)。可以看出，各项的支持度计数不小于其对应项的关联度计数。对于 3 项集 {ACD, BCD, CEF}，CEF 为非频繁项集，它的关联度计数和支持度计数全为 2，小于

最小支持度计数，所以 CEF 必为非增长频繁项集。

从以上定理可得到可增长频繁项集的反单调性和向下封闭性：

性质 3.1 （向下封闭性）设 $Y\subseteq I$，$X\subseteq Y$。若 Y 为可增长型频繁项集，则 X 必为可增长频繁项集。

证明：设 $Z=Y-X$。因为 Y 为可增长频繁项集，对于任意项 i，有
$$\text{ASSOCIATION}(Y)=P(Y\cup\{i\})\geqslant\text{minsup}$$
即
$$\text{ASSOCIATION}(Y)=P(Y\cup\{i\})=P(X\cup Z\cup\{i\})=P(X\cup(Z\cup\{i\}))$$
所以
$$P(X\cup(Z\cup\{i\}))\geqslant\text{minsup}$$
按定义 3.10，X 为可增长频繁项集。■

性质 3.2 （反单调性）设 $Y\subseteq I$，$X\subseteq Y$。若 X 为非增长项集，则 Y 必为非频繁项集。

证明：因为 $X\subseteq Y$，设 $Y=X\cup Z$。按照频繁项集和非增长项集的定义，有
$$\text{SUPPORT}(Y)=P(Y)=P(X\cup Z)=\text{ASSOCIATION}(X)$$
因为 X 为非增长项集，按定义有 $\text{ASSOCIATION}(X)<\text{minsup}$，即 $\text{SUPPORT}(Y)<\text{minsup}$，按照定义 3.5，$Y$ 为非频繁项集。■

例如，在图 3.9 中，根据前面的计算，对于项集 AC 的关联度计数和支持度计数都为 4，所以 AC 为可增长频繁项集，由性质 3.1 知，A 和 C 都为可增长频繁项集（A 和 C 的关联度计数分别为 4 和 7）；对于项集 EF，因为 EF 的关联度计数为 2，所以 EF 为非增长项集，由性质 3.2 知 CEF 亦为非增长项集（CEF 的关联度计数为 2）。在生成候选频繁项集时，可利用性质 3.2 删除类似于 EF 的频繁项集和由 EF 生成的候选项集。

同频繁项集的反单调性在 Apriori 算法中进行剪枝一样，可增长频繁项集的反单调性也可用来对搜索空间进行剪枝，并且剪枝效率要比 Apriori 算法中的剪枝效率更高。

3.5.2　FFIA 算法的设计

经过对频繁项集挖掘过程和项集之间的关系进行分析，发现在第 k 遍挖掘中，按照频繁项集 L_k 生成的候选项集 C_{k+1} 中有许多是冗余候选项集。出现这些冗余候选项集的根本原因是因为在 L_k 中有些频繁项集的 $k+1$ 维超集在数据库中的支持度小于最小支持度 minsup。为了使候选项集 C_{k+1} 的维数更接近频繁项集 L_k 的维数，在 Apriori 算法的基础上，引进关联度的概念。在对 C_k 计算支持度 $s\%$ 的同时，也计算该项集的关联度，利用关联度减少每次生成的候选项

集维数，提高算法的挖掘效率。另外，在每次对数据库的扫描中，逐步对数据库中再没有可能生成频繁项集的记录进行删除，以减小数据库的体积，提高数据挖掘的速度[34]。

算法同样将关联规则的挖掘问题分解为两个子问题：首先，找出所有支持度大于或等于最小支持度的频繁项集；然后再利用上一步中的频繁项集产生期望的强关联规则。由于第二步相对比较简单，下面仅给出通过关联度查找所有频繁项集的 FFIA（Find Frequent Itemsets by Association，简称 FFIA）算法，可简单描述如下：

算法 3.2　FFIA 算法

Input：DB, minsup 　　// DB 是数据库，minsup 为最小支持度

Output：Result 　　　　// Result 为所有频繁项集

Result：＝{}

$k_: = 1$；

$C_k: = $ {large 1－itemsets}

While(C_k) do

Begin

　$\forall c \in C_k$, Create c. counter1 and c. counter2；

　For (i＝1; i＜＝|DB|; i++)

　Begin

　　If $|T_i|＝k－1$ then delete T_i；　　// 第 i 个记录 T_i

　　If ($X \subseteq S_{k-1}$, $T_i \subseteq DB$, $|T_i|＝k+1$, $T_i － X \subseteq S_2$) then delete T_i and its subsets；

　　If ($T_i \subseteq DB$, $X \subseteq S_{k-1}$, $|T_i|－|X|＝0$) then delete T_i and its subsets；

　　If $c \in T_i$ then c. counter1++；

　　If $c \in T_i \wedge |T_i|＞k$ then c. counter2++；

　End

　$L_k = \{c| c \in C_k$, c. counter1$/|DB| \geqslant$ minsup$\}$；

　$L'_k = \{c| c \in L_k$, c. counter2$/|DB| \geqslant$ minsup$\}$；

　$S_k = C_k － L_k$；

　If(k＝2) then $S_2 = S_k$；

　Result：＝ Result$\bigcup L_k$

　k＝k+1；

　$C_k = \{c| c \in L'_{k-1} \otimes L'_{k-1}\}$；　　//符号$\otimes$为项集的连接运算

End

该算法首先生成 1 项候选项集 C_1，然后在此基础上依次搜索数据库并生成频繁 1 项集 L_1，频繁 2 项集 L_2，直到有某个 k 值使得 C_k 为空时，该算法停止。算法在第 k 次循环中，为 C_k 的每个项集生成计数器 counter1 和 counter2，对于事务数据库中每个事务 T_i，counter1 记录项集的支持度计数，counter2 记录项集的关联度计数。在一遍数据库扫描结束后，将 counter1 大于等于支持度计数阈值的项集加入到 L_k 中，将 counter2 大于支持度计数阈值的项集加入到 L_k' 中，再由 L_k' 连接生成候选项集 C_{k+1}。C_k 中的每个元素需在事务数据库中验证，决定是加入 L_k，还是加入 S_k（S_k 是 k 项非频繁项集）。在每次扫描事务数据库时，利用 S_2 和 S_k 对事务数据库的记录进行约简。

3.5.3　FFIA 算法应用举例

图 3.9 是一个事务数据库，FFIA 算法按照最小支持度计数为 20% 对数据库进行挖掘。首先，生成 1 项候选项集 $C_1 = \{A, B, C, D, E, F\}$，通过第 1 遍扫描数据库得到的关联度计数和支持度计数可用向量表示为 (4，4，7，6，5，5) 和 (4，4，7，6，5，6)，所以 $L_1 = \{A, B, C, D, E, F\}$，$L_1' = L_1$；由 L_1' 生成候选项集 $C_2 = \{AB, AC, AD, AE, AF, BC, BD, BE, BF, CD, CE, CF, DE, DF, EF\}$，再通过扫描数据库计算关联度计数和支持度计数，得到向量 (2，4，3，2，2，3，2，1，5，3，4，1，2，2) 和向量 (2，4，3，2，2，4，3，2，1，5，3，4，2，2，3)，这时 $L_2 = \{AB, AC, AD, AE, AF, BC, BD, BE, CD, CE, CF, DE, DF, EF\}$，$L_2' = \{AB, AC, AD, AE, AF, BC, BD, BE, CD, CE, CF, DF, EF\}$；由 L_2' 得到候选项集 $C_3 = \{ABC, ABD, ABE, ACD, ACE, ACF, AEF, BCD, BCE, CDF, CEF\}$，再通过扫描数据库计算关联度计数和支持度计数，得到向量 (2，2，1，3，2，2，1，2，2，1，2) 和 (2，2，1，3，2，2，1，3，2，2，3)，得到 $L_3 = \{ABC, ABD, ACD, ACE, ACF, BCD, BCE, CDF, CEF\}$，$L_3' = \{ABC, ABD, ACD, ACE, ACF, BCD, BCE, CEF\}$；由 L_3' 生成候选项集 $C_4 = \{ABCD\}$，再通过扫描数据库计算关联度计数和支持度计数向量为 (2)，$L_4 = L_4' = \{ABCD\}$。由于 L_4' 生成的候选项集 $C_5 = \Phi$，所以算法结束。在整个挖掘过程中，利用关联度共约简了 ADE、BDE、CDE、DEF、ACDE、ACDF、BCDE 和 BCDF 候选项集。在本例中，对候选项集的约简率为 19.5%。

FFIA 算法的挖掘结果如图 3.10 的有序项集树所示。在有序项集树中，用实线框表示挖掘中的频繁项集，用虚线框表示挖掘中的非频繁项集，用点划线框表示非增长项集。实线连接的项集表示树中频繁项集的生长过程，虚连线接的项集表示该分支由非增长项集剪枝，点划线连接的项集为非频繁项集的剪枝。

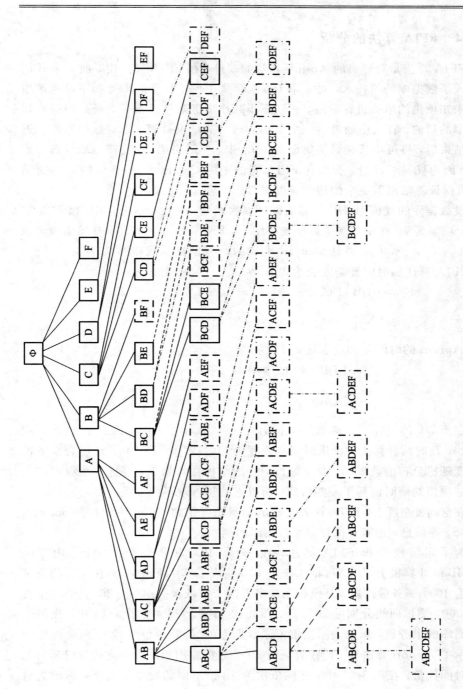

图3.10 算法FFIA挖掘的有序项集树

3.5.4　FFIA 算法的分析

FFIA 算法是对经典的 Apriori 算法的改进。在 FFIA 算法中，前 3 个 if 语句引入了数据库约简技术，对于小于候选项集中模式长度的事务和不可能产生新的未知项集的事务进行删除，达到逐步减小事务数据库规模、提高扫描数据库效率的目的。算法中的最后一个 if 语句进行关联度计算，当对数据库的一遍扫描结束后，将可增长频繁项集记录在 L_k' 中，然后再由 L_k' 连接生成候选项集 C_{k+1}。因为 $|L_k'| \leqslant |L_k|$，所以在 FFIA 算法中的 C_{k+1} 比 Apriori 中的 C_{k+1} 更精确，可保证算法沿着更窄的搜索宽度向目标推进。

设数据库的规模为 $|\mathrm{DB}|$，算法循环 n 次结束，平均每次循环中约简事务数为 m，项集为 I。在用户指定最小支持度下，FFIA 算法生成的所有候选项集依次为 C_1，C_2，$\cdots$，C_n，算法 Apriori 生成的所有候选项集依次为 C_1'，C_2'，$\cdots$，C_n'。FFIA 算法的时间复杂度表达式 F_1 为

$$F_1 \approx |\mathrm{DB}||C_1| + (|\mathrm{DB}| - m)|C_2| + \cdots + |C_n|$$

$$= \sum_{i=1}^n [|\mathrm{DB}| - (i-1)m]|C_i|$$

算法 Apriori 的时间复杂度表达式 F_2 为

$$F_2 \approx |\mathrm{DB}|(|C_1'| + |C_2'| + \cdots + |C_n'|)$$

$$= |\mathrm{DB}| \sum_{i=1}^n |C_i'|$$

在 F_1 和 F_2 中，$|C_i| \leqslant |C_i'|$，$|\mathrm{DB}| - (i-1)m \leqslant |\mathrm{DB}|$，因此 $F_1 \leqslant F_2$。在 $|\mathrm{DB}| \gg |I|$ 时两种算法的渐进时间复杂度为 $\mathrm{O}(|\mathrm{DB}|)$。FFIA 算法适合事务模式长度随机分布的数据库。对于等长记录的结构性数据库，在进行数据库约简和候选项集约简时消耗了一些时间，所以它的执行效率低于经典算法。

在空间复杂度上，FFIA 算法比 Apriori 算法开销大，它不但要保存 counter2、L_k' 和 S_k' 等信息，还需要保存原始数据库的副本。

为了定量地分析 FFIA 算法，在一台 CPU 为 PⅣ 1.7 GHz、内存为 512 MB 的计算机上，用 Visual C++ 6.0 实现了算法 FFIA。算法运行的测试负载为 10 个事务数据库，其模拟生成事务的个数依次为 1000、2000、3000，直到 10 000，测试曲线分别见图 3.11、图3.12 和图 3.13。在图 3.11 中，横轴表示数据库的事务数，纵轴表示挖掘不同数据库的时间（单位为秒），两条曲线分别表示了 Apriori 算法和 FFIA 算法对 10 个数据库用相同最小支持度（15%）的挖掘时间代价；在图 3.12 中，横轴依次为 10 个不同的最小支持度，纵轴为对事务数据库挖掘的时间代价，曲线记录了算法 FFIA 对 10 000 条记录按不同最

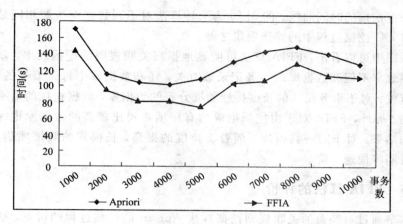

图 3.11　两种算法以相同支持度挖掘的时间比较

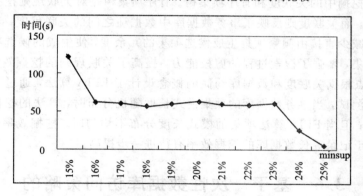

图 3.12　FFIA 挖掘相同数据库的效率

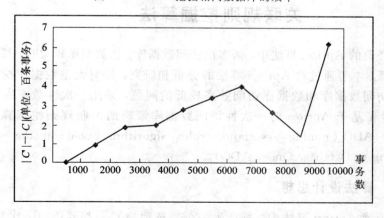

图 3.13　Apriori 与 FFIA 算法挖掘各数据库的候选项集差

小支持度挖掘的时间曲线；图 3.13 为两种算法对不同数据库按照相同最小支持度(15%)挖掘过程中的候选项集之差。

从图中可以看出，FFIA 算法可明显地提高关联规则的挖掘效率。新算法的挖掘效率不但和数据库的事务记录数有关，还和数据库中每条事务的结构、长度有关。对于事务模式的长度接近随机分布的数据库，数据挖掘的效率有明显提高。另外，FFIA 对于由挖掘生成的有序项集树比较高的数据库也能取得较好的结果。对于同一数据库，随着支持度的提高，长模式的频繁项集更少，挖掘时间将快速下降。

3.5.5 FFIA 算法的评价

本节通过对经典的关联规则挖掘算法 Apriori 的挖掘过程的讨论，研究了关联规则挖掘中的关联度和有序项集树。有序项集树是对关联规则挖掘过程的动态描述，而关联度则反映了事务数据库中数据项之间的关联程度。利用关联度可有效减少直接由频繁项集生成候选项集的冗余度，使生成的候选项集更贴近频繁项集，增强了搜索过程的剪枝能力，提高了关联规则的挖掘效率。在本节中，重点根据关联度和数据库约简的概念设计了 FFIA 算法，通过对新算法的分析和测试，当事务数据库的项集模式长度随机分布时，算法的挖掘效率有明显提高；但当 FFIA 算法项集的模式长度分布不均匀时，挖掘效率较差；特别地，对于记录等长数据库的挖掘效率有待进一步提高。

3.6 基于一次性数据库访问策略的
关联规则挖掘算法

在经典的 Apriori 算法中，需多次访问数据库，当数据库较大时，算法效率明显降低。本节通过对 Apriori 算法的分析和研究，针对大型数据库挖掘中需要多次访问数据库和数据库访问效率较低的问题，采用一次性数据库访问策略，设计了基于 Apriori 的一次性访问数据库策略的关联规则挖掘算法——Apriori_ADO（mining association rules algorithm based on the strategy Accessing to Database Once，ADO）。

3.6.1 算法设计思想

在传统 Apriori 算法中，每产生一个候选项集 C_k，都要访问一次数据库。对于项集比较大、记录比较多的数据库，由于频繁地访问数据库，将严重影响了挖掘效率。经研究分析，在 Apriori 访问数据库时，每次仅用了其中很少的信息，而大部分信息在挖掘中被完全丢弃。因此，可在访问数据库后，一次性提取数据并记录相关信息，避免多次访问数据库。在经典的 Apriori 算法中，定理 3.2 揭示了非频繁项集之间的一个重要性质。在产生候选集的同时，如果第 i 条记录中项 ab 为频繁集，则对于 i 后所有记录，该项也是频繁集。随着扫描过程当中进行比较的项变少，从而可以极大减少 $C_k(k>1)$ 数量。通过对挖掘过程的充分分析，得到数据集之间的一个明显性质。

性质 3.3　若项集 x 在挖掘第 i 条记录时为频繁项集，则 x 在挖掘第 j 条 ($j \geqslant i$) 记录时也为频繁项集。

这条基本性质奠定了新算法的基本思想。

3.6.2　Apriori_ADO 算法设计

根据性质 3.3，设计了 Apriori_ADO 算法。该算法详细步骤如下：

算法 3.3　Apriori_ADO 算法

S1：打开数据库 DB，令 i=1，设候选集 C=Φ，频繁集 L=Φ

S2：若 i>|DB|，则转 S10

S3：令 t=R$_i$ 并计算 j=|t|　　　　　　　　　　//R$_i$ 为第 i 条记录

S4：若 j=0，则转 S9

S5：C$_j$={x|x⊆t∧|x|=j}. 若 x∈C$_j$∧x∈L，则 C$_j$=C$_j$-x

S6：C=C∪C$_j$∧x. count=x. count+1　　//x. count 为候选项 x 的支持度计数

S7：若 x∈C∧x. count=minsup，则 L=L∪{y|y⊆x }∧C=C-x

S8：j=j-1，转 S4

S9：i=i+1，转 S2

S10：关闭 DB

S11：生成关联规则

S12：算法结束

Apriori_ADO 算法只需扫描数据库一次，降低了传统 Apriori 算法频繁扫描数据库的开销。同时，根据性质 3.3，利用传统 Apriori 算法的剪枝技术尽快删除非频繁项，不会产生支持计数为 0 的候选项，从而减少了候选项的数量。另外值得注意的是，Apriori_ADO 算法所花费的时间开销几乎与频繁项集的层次无关。

3.6.3　算法复杂度分析

算法的复杂度分析包括算法的时间复杂度分析和空间复杂度分析。

1. 算法的时间复杂度分析

时间复杂度是评价一个算法性能的重要标准。在对算法 Apriori_ADO 进行时间复杂度分析时，主要参照 Apriori 算法的时间复杂度分析方法。Apriori 算法的时间复杂度主要体现在对事务项集的搜索上，当采用自底向上的搜索方法时，其访问事务项集的复杂度 $f(k) = |DB| \sum\limits_{i=1}^{k} C_i + L_1^2 + \sum\limits_{j=2}^{k-1} L_{j-1}^3$，其时间复杂度 $F(k) = O(k^3)$[35,36]。

然而在 Apriori_ADO 算法中，访问事务项集的复杂度 $f'(k)$ 包括：

(1) 产生第一项数据 R_1 的 k 项候选集 $R_1 \sum\limits_{i=1}^{k} C_i$ 和频繁集 $R_1 \sum\limits_{j=1}^{k} L_j$。此时只需要扫描第一项数据，扫描次数 $M_1 = 1$。

(2) 产生新一轮的各项候选集。在扫描第二项数据 R_2 的同时，还需要扫描已有的所有 k 项候选集和频繁集，$M_2 = 1 + R_1 \sum\limits_{i=1}^{k} C_i + R_1 \sum\limits_{j=1}^{k} L_j$。

(3) 产生第三轮数据的各项候选集。$M_3 = 1 + R_2 \sum\limits_{i=1}^{k} C_i + R_2 \sum\limits_{j=1}^{k} L_j$。

(4) 产生最后的候选集，并由 minsup 得到所有频繁项集 L_k。$M_{|DB|} = 1 + R_j \sum\limits_{i=1}^{k} C_i + R_j \sum\limits_{j=1}^{k} L_j$，其中 $j = |DB| - 1$。

由以上分析可得

$$
\begin{aligned}
f'(k) = & |DB| + R_1 \sum\limits_{i=1}^{k} C_i + R_2 \sum\limits_{i=1}^{k} C_i + \cdots + R_j \sum\limits_{i=1}^{k} C_i + R_1 \sum\limits_{j=1}^{k} L_j \\
& + R_2 \sum\limits_{j=1}^{k} L_j + \cdots + R_j \sum\limits_{j=1}^{k} L_j \\
= & |DB| + (R_1 + R_2 + \cdots + R_j) \sum\limits_{i=1}^{k} C_i \\
& + (R_1 + R_2 + \cdots + R_j) \sum\limits_{j=1}^{k} L_j
\end{aligned}
$$

其中 $R_1 + R_2 + \cdots + R_j$ 为 j 项数据记录扫描之和。由以上推导过程可知，每项数据记录只扫描一次，且 $j = |DB| - 1$，可得

$$
R_1 + R_2 + \cdots + R_j = |DB| - 1
$$

因此

$$
f'(k) = |DB| + (|DB| - 1) \sum\limits_{i=1}^{k} C_i + (|DB| - 1) \sum\limits_{j=1}^{k} L_j
$$

其时间复杂度为 $F'(k) = O(k)$。

很明显，$F'(k) < F(k)$，也就是说，Apriori_ADO 算法的时间复杂度小于 Apriori 算法的时间复杂度。

2. 算法空间复杂度分析

空间复杂度可简单地认为是算法执行中需要的存储量的开销。Apriori 算法需要将整个数据库数据读到内存中，所以每产生一层候选集，用来存储数据库记录的临时变量需要 | DB | 个；当产生第 1 层候选集和频繁集时，需要 $M_1 = |DB| + 2\sum\limits_{i=1}^{k} C_i | + 2 \sum\limits_{i=1}^{k} L_i |$ 个存储空间；当产生第 i 层候选集和频繁集时，需要 $M_i = |DB| + 2\sum\limits_{i=1}^{k} C_i | + 2 \sum\limits_{i=1}^{k} L_i |$ 个存储空间。所以 Apriori 算法的空间复杂度为

$$S(k) = \max\{M_1, M_2, M_3, \cdots, M_i\} = \max\{| DB | + 2\sum\limits_{i=1}^{k} C_i | + 2 \sum\limits_{i=1}^{k} L_i |\}$$

其中 C_i 为第 i 层候选集，L_i 为第 i 层频繁集。

而 Apriori_ADO 算法执行所需存储量的开销包括：

（1）产生第一项数据 R_1 的 k 项候选集 $R_1 \sum\limits_{i=1}^{k} C_i$ 和频繁集 $R_1 \sum\limits_{i=1}^{k} L_i$。用一个临时变量 t 来存储当前记录 R_1，用 $R_1 \sum\limits_{i=1}^{k} C_i + R_1 \sum\limits_{j=1}^{k} L_i$ 个存储变量来存储第一项数据的候选集和频繁集，用 $R_1 \sum\limits_{i=1}^{k} C_i + R_1 \sum\limits_{i=1}^{k} L_i$ 个存储变量来存储第一项数据的候选集和频繁集的支持度计数 $N_1 = 1 + 2 | R_1 \sum\limits_{i=1}^{k} C_i | + 2 | R_1 \sum\limits_{i=1}^{k} L_i |$。

（2）产生新一轮的各项候选集。仍然用临时变量 t 来存储当前记录 R_2，用 $R_2 \sum\limits_{i=1}^{k} C_i + R_2 \sum\limits_{i=1}^{k} L_i$ 个存储变量来存储第二项数据的候选集和频繁集，用 $R_2 \sum\limits_{i=1}^{k} C_i + R_2 \sum\limits_{i=1}^{k} L_i$ 个存储变量来存储第二项数据的候选集和频繁集的支持度计数 $N_2 = 1 + 2 | R_2 \sum\limits_{i=1}^{k} C_i | + 2 | R_2 \sum\limits_{i=1}^{k} L_i |$。

（3）产生第三轮数据的各项候选集。$N_3 = 1 + 2 | R_3 \sum\limits_{i=1}^{k} C_i | + 2 | R_3 \sum\limits_{i=1}^{k} L_i |$。

（4）产生最后的候选集，并由 minsup 得到所有频繁项集 L_k。$N_{|DB|} = 1 + 2 | R_{|DB|} \sum\limits_{i=1}^{k} C_i | + 2 | R_{|DB|} \sum\limits_{i=1}^{k} L_i |$。

由以上分析可得

$$S'(k) = \max\{N_1, N_2, N_3, \cdots, N_{|DB|}\}$$

$$= \max\{1 + 2 \mid R_j \sum_{i=1}^{k} C_i \mid + 2 \mid R_j \sum_{i=1}^{k} L_i \mid\}$$

$$= \max\{1 + 2 \mid \sum_{j=1}^{k} C_j \mid + 2 \mid \sum_{j=1}^{k} L_j \mid\}$$

其中，C_j 为第 j 条记录的候选集，L_j 为第 j 条记录的频繁集。

虽然两者产生的频繁项是相同的，即 Apriori 算法中的 $\max(\mid \sum_{i=1}^{k} L_i \mid)$ 等于 Apriori_ADO 算法中的 $\max(\mid \sum_{j=1}^{k} L_j \mid)$，但在实际情况中：① Apriori 算法会产生许多支持度为 0 的候选项，它们需要通过重复扫描数据来删除；② Apriori_ADO 算法不但不会产生支持度为 0 的候选项，而且候选项的数目会随着数据库读取记录的增多而减少，从而使得 Apriori_ADO 算法中的 $\max(\mid \sum_{j=1}^{k} C_j \mid)$ 远远小于 Apriori 算法中的 $\max(\mid \sum_{i=1}^{k} C_i \mid)$。因此，$S'(k) = \max\{1 + 2 \mid \sum_{j=1}^{k} C_j \mid + 2 \mid \sum_{j=1}^{k} L_j \mid\} < \max\{\mid DB \mid + 2 \sum_{i=1}^{k} C_i \mid + 2 \mid \sum_{i=1}^{k} L_i \mid\} = S(k)$。

综上所述，Apriori_ADO 算法与传统的 Apriori 算法相比，既减少了数据库扫描次数和比较次数，又降低了算法的时间复杂度和空间复杂度。当数据库记录及其所含字段值较多时，可以大幅减少候选项的数量。

3.6.4 简单实例分析

假设有一个含 4 个记录的简单事务数据库（见表 3.2），最小支持度计数为 2，用 Apriori_ADO 算法对数据库的挖掘过程详见表 3.3。为了进一步说明新设计算法性能的优越性，表 3.4 对 Apriori 算法和 Apriori_ADO 算法在本例中的执行情况进行了对比。

表 3.2　一个简单的事务数据库模型

Tid	项
001	ABC
002	BCE
003	ABCD
004	BE

表 3.3　Apriori_ADO 算法运算过程

项	C_4/计数	C_3/计数	C_2/计数	C_1/计数	L_3	L_2	L_1
ABC		ABC/1	AB/1	A/1			
			AC/1	B/1			
			BC/1	C/1			
BCE		BCE/1	BC/2	E/1		BC	B
				BE/1			C
				CE/1			
ABCD	ABCD/1	ABC/2	AD/1	D/1	ABC	AB	A
		ABD/1	BD/1			AC	B
		ACD/1	CD/1			BC	C
		BCD/1					
BE			BE/2		ABC	AB	A
						AC	B
						BC	C
						BE	E

表 3.4　Apriori 算法和 Apriori_ADO 算法在简单实例中的执行情况对比说明

算法名称	支持度计数＝1			支持度计数＝2			支持度计数＝3			支持度计数＝4		
	比较次数	候选项数目	DB扫描次数	比较次数	候选项数目	DB扫描次数	比较次数	候选项数目	DB扫描次数	比较次数	候选项数目	DB扫描次数
Apriori	>100	>100	4	25	22	4	15	8	4	13	5	4
Apriori_ADO	4	4	1	22	22	1	25	22	1	25	22	1

3.6.5　实验分析与应用

关联规则挖掘在超市数据库中应用非常广泛,决策者可以通过找到顾客购物之间的联系来决定超市的批货以及货物的摆放情况,也可以进行一些促销活动来吸引客户。本节我们用 C♯ 语言实现了传统 Apriori 算法和 Apriori_ADO

算法，并通过处理部分超市数据来比较两者处理大量数据时的时间开销。同时，超市决策者利用该信息可以掌握商品的销售情况，优化贸易活动。

实验数据集 test.csv 是包含 10 800 条购物数据的 Excel 表，基本项为面包、牛奶、花生、鸡蛋、奶油，0 表示未购买，1 表示购买。部分数据见表 3.5。

表 3.5 超市数据库部分实验数据

序号	面包	牛奶	花生	奶油	鸡蛋	序号	面包	牛奶	花生	奶油	鸡蛋
1	1	1	0	0	1	11	0	1	0	1	0
2	0	1	0	1	0	12	0	1	1	0	0
3	0	1	1	1	0	13	1	1	0	1	0
4	1	1	0	1	0	14	1	0	1	0	0
5	1	0	0	1	0	15	0	1	1	0	0
6	0	1	1	0	0	16	1	1	0	0	0
7	1	0	1	0	0	17	1	1	0	1	1
8	1	1	1	0	0	18	1	1	0	0	1
9	1	1	1	0	0	19	1	1	0	0	1
10	1	1	0	1	0	20	0	1	0	1	0

在程序运行中，对两种算法的运行时间进行了比较。图 3.14 和图 3.15 分别是在最小支持度不变、数据库容量变化和数据库容量不变、最小支持度变化时的运行结果比较。

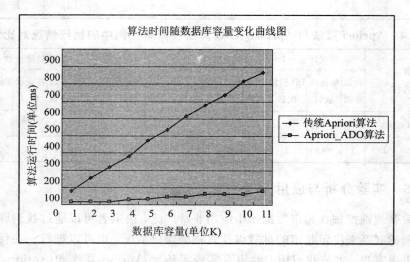

图 3.14　算法时间随数据库容量变化曲线图（最小支持度不变）

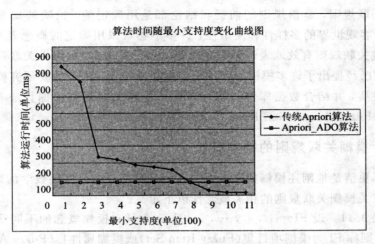

图 3.15　算法时间随最小支持度变化曲线图(数据库容量不变)

通过以上实验结果可以看出，Apriori_ADO 算法比传统的 Apriori 算法缩短了执行时间，提高了处理效率，并具有较强的稳定性。本实验在最小可信度为 60% 时发现了一些强关联规则(见表 3.6)。

表 3.6　强关联规则

频繁集	关联规则	强关联规则
面包 牛奶 花生 面包　牛奶 面包　花生 牛奶　花生	面包→牛奶 面包→花生 牛奶→花生	面包→牛奶 面包→花生

表 3.6 说明该超市出售最多的是面包、花生和牛奶，而且大多数顾客会同时购买面包和牛奶、牛奶和花生或者面包和花生。这些规则是有趣的，它对于改善超市销售水平，提高资金周转率，以及加强超市管理都有一定的指导意义。

可以看出，Apriori_ADO 算法比传统的 Apriori 算法更加有效。由于 Apriori_ADO 算法只需对数据库进行一次访问，所以不增加候选项，不需要进行剪枝筛选，因而具有较高的效率。当数据库的记录非常多且每条记录中包含的字段值又较多时，该算法的优越性尤为明显。

3.7　模糊关联规则挖掘算法

前几节中的关联规则挖掘算法主要针对确定性关系的关联规则挖掘。所谓确定性关联规则，是指规则的前提和结论都是用确定的、精确的概念来描述的。由于客观世界的多样性和复杂性，许多事物难以用确定的概念表示，无法用确定性关联规则有效地表达数据之间的关联关系。针对确定性关联规则的不足，目前已经提出了许多模糊关联规则挖掘算法[37-40]。本节主要研究模糊关联规则的性质，并结合数据库约简特性设计了模糊关联规则挖掘算法 MFARR（Mining Fuzzy Association Rules based on Reducing in database）。

3.7.1　模糊关联规则的基本概念

为了更清楚地阐述模糊关联规则的性质和算法，结合模糊数学的理论[41]，首先对有关模糊关联规则的相关概念作以下定义。

定义 3.11　设 $FI=\{i_1, i_2, \cdots, i_m\}$ 是 m 个具有模糊概念的不同项目组成的集合，则称 FI 为模糊项目集（Fuzzy Item Set）或模糊属性集（Fuzzy Attribute Set）。其中，m 是项目的个数，项目 $i_p(p=1, 2, \cdots, m)$ 表示第 p 个项目。

定义 3.12　由 n 个模糊事务（Fuzzy_transaction）$T_j(j=1, 2, \cdots, n)$ 构成的集合 $DB=\{T_1, T_2, \cdots, T_n\}$ 称为模糊事务数据库。DB 中的每一个模糊事务 T_j 是模糊项目集（或模糊属性集）FI 中一组模糊项目的子集，即 $T_j\subseteq FI$，记为 $T_j=\{Tid, \langle(t_{j1}, f_{j1}), (t_{j2}, f_{j2}), \cdots, (t_{jm}, f_{jm})\rangle\}$。其中，Tid 是全局唯一的标识符，$f_{jp}$ 为模糊项目 t_{jp} 对应的模糊集合。

定义 3.13　设模糊事务 $T_j(j=1, 2, \cdots, n)$ 中模糊项目 $t_{jp}(p=1, 2, \cdots, m)$ 上抽象出的 k 个模糊概念对应的 k 个模糊集分别为 $R_{ps}(s=1, 2, \cdots, k)$，则 $f_{jp}=\{R_{p1}, R_{p2}, \cdots, R_{pk}\}$，那么 $\mu_{jp}(R_{ps})$ 称为模糊事务 T_j 中模糊项目 t_{jp} 在模糊集 R_{ps} 上的隶属函数。

定义 3.14　模糊关联规则（Fuzzy Association Rules）是形如 $X^f\Rightarrow Y^f$ 的蕴涵式。其中，$X^f\subseteq FI$，$Y^f\subseteq FI$，且 $X^f\bigcap Y^f=\Phi$，X^f 称作模糊关联规则的前提，Y^f 称作模糊关联规则的结论。

定义 3.15　设模糊事务 $T_j=\{Tid, \langle(t_{j1}, f_{j1}), (t_{j2}, f_{j2}), \cdots, (t_{jm}, f_{jm})\rangle\}$，项目集合 $X=\{(t_{p1}, f_{p1}), (t_{p2}, f_{p2}), \cdots, (t_{pk}, f_{pk})\}$。若 $f_{pi}>0(i=1, 2, \cdots, k)$，则称事务 T_j 支持模糊项目集合 X。模糊项目集合 X 属于事务 T_j 的程度记为

$$u_X(t)=\min\{t_{p1}, t_{p2}, \cdots, t_{pk}\}$$

所有事务属于 X 的平均值称为模糊集合 X 的支持度，也就是[38, 39]

$$SUPPORT(X) = \frac{\sum_{t\in DB} u_X(t)}{|DB|}$$

定义 3.16　模糊关联规则 $X^f\Rightarrow Y^f$ 的支持度为模糊集合 $X^f\bigcup Y^f$ 的支持度，

也就是模糊集合 $X^f \bigcup Y^f$ 在事务数据库中的发生概率，模糊关联规则的可信度为 X^f 发生时 Y^f 发生的概率，即

$$\text{SUPPORT}(X^f \Rightarrow Y^f) = \text{SUPPORT}(X^f \bigcup Y^f) = P(X^f \bigcup Y^f)$$

$$\text{CONFIDENCE}(X^f \Rightarrow Y^f) = \text{SUPPORT}(X^f \bigcup Y^f)/\text{SUPPORT}(X^f)$$

$$= P(X^f \bigcup Y^f \mid X^f)$$

为了挖掘有效的关联规则，必须定义最小支持率 minsup 与最小可信度 minconf。挖掘模糊关联规则的过程就是找出满足 $\text{SUPPORT}(X^f \Rightarrow Y^f) >$ minsup 和 $\text{CONFIDENCE}(X^f \Rightarrow Y^f) >$ minconf 的模糊关联规则。

定理 3.10 设 $X \subseteq Y$，$Y \subseteq \text{FI}$。如果 Y 是频繁模糊项集，那么 X 必为频繁模糊项集。

证明：设频繁模糊项集 $Y = \{y_1, y_2, \cdots, y_k\}$，根据定义 3.15 有关模糊项集支持度的定义，可得到关系式

$$\text{SUPPORT}(Y) = \frac{\sum_{t \in \text{DB}} u_Y(t)}{\mid \text{DB} \mid} \geqslant \text{minsup}$$

又设 $X = \{y_{p1}, y_{p2}, \cdots, y_{pk}\} \subseteq Y$（$1 \leqslant p_1, p_2, \cdots, p_m \leqslant k$），同样根据定义 3.15，可得到关系式

$$\text{SUPPORT}(X) = \frac{\sum_{t \in \text{DB}} u_X(t)}{\mid \text{DB} \mid}$$

对于任意事务 t，t 属于 X 和 Y 的程度可分别记为

$$u_X(t) = \min\{t[y_{p1}], t[y_{p2}], \cdots, t[y_{pk}]\}$$

$$u_Y(t) = \min\{t[y_1], t[y_2], \cdots, t[y_k]\}$$

由于 $X \subseteq Y$，所以

$$\{t[y_{p1}], t[y_{p2}], \cdots, t[y_{pk}]\} \subseteq \{t[y_1], t[y_2], \cdots, t[y_k]\}$$

对于任意的事务 t，$u_X(t)$ 和 $u_Y(t)$ 的最小值 m 有

$$m \in \{t[y_{p1}], t[y_{p2}], \cdots, t[y_{pk}]\}$$

或

$$m \in \{t[y_1], t[y_2], \cdots, t[y_k]\} - \{t[y_{p1}], t[y_{p2}], \cdots, t[y_{pk}]\}$$

如果 $m = u_X(t)$，则 $u_X(t) = u_Y(t)$；如果 $m = u_Y(t)$，则 $u_X(t) > u_Y(t)$。所以，必然有 $u_X(t) \geqslant u_Y(t)$。根据 X 和 Y 的支持度的定义，得到

$$\text{SUPPORT}(X) \geqslant \text{SUPPORT}(Y)$$

所以 X 必为频繁项集。■

定理 3.11 设 $X \subseteq Y$，$Y \subseteq \text{FI}$。如果 X 是非频繁模糊项集，那么 Y 必然为非频繁模糊项集。

证明：该定理可用反证法证明。

假设 Y 是频繁模糊项集，由定义 3.15 有

$$\text{SUPPORT}(Y) = \frac{\sum\limits_{t \in \text{DB}} u_Y(t)}{|\text{DB}|} \geqslant \text{minsup}$$

由于 $X \subseteq Y$，根据定理 3.10 知

$$\text{SUPPORT}(X) \geqslant \text{SUPPORT}(Y)$$

所以

$$\text{SUPPORT}(X) = \frac{\sum\limits_{t \in \text{DB}} u_X(t)}{|\text{DB}|} \geqslant \text{SUPPORT}(Y) \geqslant \text{minsup}$$

即

$$\text{SUPPORT}(X) \geqslant \text{minsup}$$

所以，X 是一个频繁模糊项集，这与 X 是非频繁模糊项集的假设矛盾。因此，当 X 是非频繁模糊项集时，Y 必然为非频繁模糊项集。∎

定理 3.10 和定理 3.11 是模糊关联规则挖掘中剪枝的依据。

3.7.2 模糊概念的处理

在模糊关联规则挖掘之前，必须对数据库中的概念进行模糊处理。数据库中所有概念按其值可分为 4 类：

（1）连续数值类概念。连续数值是数据库中常见的一种数值类型。例如，人的年龄、工资额、网络的连接时间等，都属于连续数值。对于这些值，取出最大值 max 和最小值 min，计算每个数值 x 的模糊量 $\mu(x)$。$\mu(x)$ 的公式为

$$\mu(x) = \frac{x - \min}{\max - \min}$$

或

$$\mu(x) = \frac{\max - x}{\max - \min}$$

（2）离散数值类概念。离散数值分布是一些孤立点的数值类型。例如，CPU 温度可分为温度太高、温度高、温度适中、温度低和温度太低。对于"CPU 温度非常高"的模糊概念，以上的 5 种温度可分别表示为 1.0，0.75，0.5，0.25，0。

（3）字符类型类概念。用字符表示的数据为字符类型。例如，人的教育程度、按规模划分的计算机网络名称等。这类数据可以按照离散数值的方法进行模糊处理。

（4）逻辑类型类概念。只有"真"、"假"两种表示形式的数据类型为逻辑类

型。例如，网络的连接和断开，人性别中的男和女等。由于这类数据只有两种取值，若用 0 表示一个值，那么另一个值就表示为 1。如用 1 表示男，0 表示女。

　　表 3.7 是一个有关普通教师信息的数据库。数据库中的 Age 和 Salary 是连续数据类型，Gender 为逻辑型数据，Degree 为字符型数据。表 3.8 是对表 3.7 模糊化后的模糊数据库[42]。

表 3.7　普通数据库

Tid	Age	Gender	Degree	Salary
100	33	Male	Master	￥2,500
200	25	Female	Bachelor	￥800
200	37	Male	Master	￥1,800
400	40	Male	Ph. D	￥4,500
500	51	Male	Bachelor	￥1,450

表 3.8　对应于表 3.7 的模糊数据库

Tid	Age is young	Gender is male	Degree is high	Salary is high
100	0.9	1	0.89	0.46
200	1	0	0.76	0.05
300	0.7	1	0.89	0.27
400	0.6	1	1	1
500	0.2	1	0.76	0.18

3.7.3　模糊关联规则挖掘算法 MFARR

　　根据定理 3.10 和定理 3.11，并结合数据库约简的策略，本节设计了基于数据库约简的模糊关联规则挖掘算法（Mining Fuzzy Association Rules based on Reducing in database，MFARR）。MFARR 算法同样将模糊关联规则的挖掘问题划分为搜索频繁模糊项集和生成模糊关联规则两部分，由于第二部分相对比较简单，所以以下仅给出搜索模糊频繁项集的算法。

　　算法 3.4　MFARR 算法

　　Input：DB，minsup　　// DB 为事务数据库，minsup 为最小支持度

　　Output：Results　　　　// Results 为算法输出结果

　　Begin

　　Results：={}

　　k：=1；

　　C_k={1−itemsets}

```
While(Ck) do {
    Created a counter for all itemsets;
    for(i=1; i<=|DB|; i++) {
        if |Ti|=k-1, Ti can be deleted from database;
        if(X⊆Sk-1, Ti⊆DB, |Ti|=k+1, Ti-X⊆S2), Ti can be deleted;
        if(Ti⊆DB, X⊆Sk-1, |Ti|-|X|=0), Ti can be deleted;
        for all c∈Ck do {
            if(Ti⊆DB, Ti⊆Ck){
                for all c∈Ck do {
                    for all Ti⊆DB do {
                        Ti. counter += min{t[c1], t[c2], …, t[ck]}
                        Ti. counter =Ti. counter/|DB|;
                    }}}}
    Lk={t| t∈Ck and t. counter≥minsup};
    Sk={t| t∈Ck and t. counter<minsup};
    If(k==2)  S2=Sk;
    The support degree of Lk has no change;
    Results: = Results∪Lk
    k=k+1;
}
End
```

算法 3.4 与算法 3.1 很类似，在这里仅仅增加了有关模糊概念的关联规则挖掘的模糊支持度的计算方法。算法 3.4 的效率分析方法与算法 3.1 相差不大，这里不再赘述。

3.7.4　MFARR 算法的评价

本节将模糊集合理论引入到关联规则的挖掘中，利用模糊概念对数据进行概括和抽象，提出了模糊关联规则的概念，拓展了传统的确定性关联规则的应用范围。用模糊关联规则表示数据之间的关系，更适合人的思维和推理方式。

3.8　网络故障数据库关联规则挖掘

在网络故障数据库的关联规则挖掘中，需要处理两类问题。首先，必须将网络故障数据库的原始数据进行预处理，使处理后的数据易于进行关联规则挖掘;其次,必须将关联规则转换成 EPRs 的规则形式,利于专家系统进行故障诊断。

3.8.1 数据准备

在基于关联规则的知识获取中,根据对 SNMP 网络管理的陷阱(Traps)数据进行知识挖掘的结果,找出告警关联规则。网络的陷阱数据获取主要是依靠管理工作站和代理之间的通信实现的[43-46]。简单网络管理体系结构如图 3.16 所示,其中 SNMP 代理管理若干管理对象,SNMP 管理工作站管理 SNMP 代理。管理工作站和代理之间用 5 个原语进行通信,其中 Traps 是当代理发现某个紧急事件后,向管理工作站发送的 PDU(协议数据单元)。为了使管理工作站及时有效地进行监控,管理工作站用 GET 定时轮巡所有代理,获取有关信息。

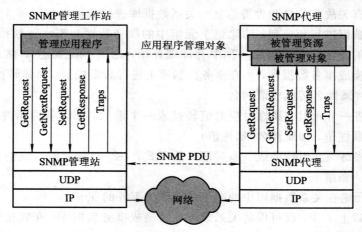

图 3.16 SNMP 体系结构

在网络管理中,获取故障信息的常用方法是采用 SNMP 协议进行 SNMP 的陷阱(Traps)数据获取。SNMP 陷阱的 PDU 格式比较复杂,经过对 PDU 格式的仔细分析,可将网络告警的 PDU 定义为一个四元组:

$$\text{Alarm} = (\text{Time}, \text{Source}, \text{Type}, \text{Severity})$$

其中,Time 是一个时间戳(Timestamp),表示从系统重新初始化到网络出现故障的时间间隔;Source 为故障源,是网络设备标识,一般为网元 SNMP 代理的 IP 地址;Type 为网络告警类型,分为通用陷阱和特定陷阱,通用陷阱在 SNMP 协议中定义了 7 类,特定陷阱由网络制造商定义,其数目一般在 100~1000 之间;网络出现告警的严重程度用 Severity 表示,按照对网络系统的影响程度,将它分为 6 种,即清除(Cleared)、不确定(Indeterminate)、一般信息

(Information)、警告告警(Warning)、重大告警(Major)和严重告警(Critical)。所有告警信息存储在关系数据库中，经过必要的数据变换就可用关联规则挖掘算法得到网络故障诊断的关联规则。

显然，在本章中所提出的关联规则挖掘算法适用于事务数据库的数据挖掘。事务数据库是一种特殊的数据库，其中每一个记录代表一个事务，一个事务包含唯一的事务标识号和组成事务的项集列表。但是，在网络故障管理中，有关故障的故障信息和告警信息都保存在关系数据库中。关系数据库是目前应用面最广的数据库，它是结构化的数据存储形式，每个关系数据库都有一个明确的属性集合，而每个元组都是各个属性值的一个实例，并且每个元组都有唯一的关键字。在网络故障诊断专家系统中，必须使算法易于对关系数据库的数据源进行数据挖掘。

在对有关故障信息和告警信息的关系数据库进行数据挖掘时，首先要对数据库中的数据进行预处理，消除每个元组中的噪音数据和不一致数据(有关数据预处理的方法在参考文献[17]中有详细介绍，这里不再赘述)；然后将关系数据库转换成事务数据库，再在事务数据库上进行数据挖掘。具体转换方法为

(1) 将属性名转换成谓词名。

(2) 将一个元组中属性对应的值转换成一个谓词，谓词名为属性名，谓词的参数为属性值，即属性名(属性值)。

(3) 将每一元组转换成一系列谓词的形式，一个具体元组对应的谓词集合就组成了一条事务。

(4) 元组在关系数据库中的顺序位置作为事务的 Tid。

经过以上 4 步，就可以将关系数据库转换成事务数据库。在转换中应特别强调，若在一个元组中，某个属性对应的属性值为空，则在未来的事务中不包含该谓词。经过以上处理，对网络故障信息和告警信息关系数据库的知识发现就成为对事务数据库的多维关联规则(Multidimensional Association Rules)的挖掘，成为易于算法执行的事务数据库。例如，表 3.9 是关于记录 TCP 连接情况的数据表，数据表有 4 个元组和 6 个属性。

表 3.9　TcpConnTable

State	LocalAddress	LocalPort	IPAddress	TimeStamp	TimeStampMask
2	00000000	21	202.117.111.254	1012203767	1012203777
2	00000000	23	202.117.111.254	1012203767	1012203787
2	00000000	111	202.117.111.254	1012203767	1012203797
2	00000000	1009	202.117.111.254	1012203767	1012203807

根据转换方法，将表 3.9 转换后的事务数据库详见表 3.10。

表 3.10　对表 3.13 转换后的事务数据库

Tid	Transactional Items
1	State(2)，LocalAddress(00000000)，LocalPort(21)，IPAddress(202. 117. 111. 254)，TimeStamp(1012203767)，TimeStampMask(1012203777)
2	State(2)，LocalAddress(00000000)，LocalPort(23)，IPAddress(202. 117. 111. 254)，TimeStamp(1012203767)，TimeStampMask(1012203787)
3	State(2)，LocalAddress(00000000)，LocalPort(111)，IPAddress(202. 117. 111. 254)，TimeStamp(1012203767)，TimeStampMask(1012203797)
4	State(2)，LocalAddress(00000000)，LocalPort(1009)，IPAddress(202. 117. 111. 254)，TimeStamp(1012203767)，TimeStampMask(1012203807)

通过对表 3.10 所示的事务数据库进行挖掘，得到的频繁项集为

〈State(2)，LocalAddress(00000000)，IPAddress(202. 117. 111. 254)，TimeStamp(1012203767)〉

根据频繁项集，可生成规则：

State(2) $\land$ LocalAddress(00000000) $\land$ IPAddress(202. 117. 111. 254) $\rightarrow$ TimeStamp(1012203767)

为了区分不同数据库生成的规则，可在规则的前面增加数据库中表的名称项。例如，对表 3.10 挖掘的这条规则可表示为

TcpConnTable：

State(2) $\land$ LocalAddress(00000000) $\land$ IPAddress(202. 117. 111. 254) $\rightarrow$ TimeStamp(1012203767)

3.8.2　关联规则与 EPRs 规则的转换

本章中的数据挖掘算法都是基于关联规则的挖掘算法，所获取知识的表示形式为关联规则。通过知识挖掘得到的关联规则可分为 3 类[6]：

（1）告警间关联规则：表示当一个告警出现后，可引起其他告警的出现。

（2）告警故障关联规则：当一个告警出现后，可引发的计算机网络故障现象。

（3）告警事务关联规则：当一个告警出现后，可引发的计算机网络的业务障碍。

所有关联规则的一般表示形式为

$$A_1 \wedge A_2 \wedge \cdots \wedge A_n \rightarrow B_1 \wedge B_2 \wedge \cdots \wedge B_m (c\%, s\%)$$

的蕴含式。其中，合取式 $\wedge_{i=1}^{n} A_i$ 是规则的前提，合取式 $\wedge_{i=1}^{m} B_i$ 是规则的结论，$c\%$ 和 $s\%$ 分别为关联规则的可信度和支持度。

　　为了保证系统中知识表示形式的一致性，必须将关联规则转换成 EPRs 规则。在转换中，用表名或设备名称作为主要概念，谓词的名称作为关系名，谓词的参数作为与关系相关的另一个概念。按照这种方法分别对关联规则的前提和结论进行转换，就得到相应的 EPRs 规则。例如，对表 3.10 挖掘的这条关联规则 EPRs 规则如图 3.17 所示。

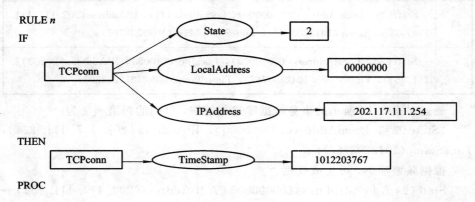

图 3.17　关联规则与 EPRs 规则的转换实例

　　其中，n 为规则编号，IF 与 THEN 之间的概念图为规则条件，THEN 与 PROC 之间为规则的结论。规则的处理方法为空。

3.9　本章小结

　　本章首先介绍了知识获取在专家系统中的重要性和常用方法，然后介绍了数据挖掘在知识获取方面的应用，重点介绍了 4 种数据挖掘算法。在这几种算法中，MARRD 算法是一种对原始事务数据库的事务进行约简，逐步减少事务个数的数据挖掘算法；FFIA 算法是利用事务项之间的关联程度进行挖掘的算法；Apriori_ADO 算法是基于一次性数据库访问策略的关联规则挖掘算法；MFARR 算法是对事务数据库中的模糊概念进行数据挖掘的算法。这几种算法主要从减少事务数据库的事务数、减少生成候选项集和减少访问数据库次数方面提高数据挖掘算法的效率，扩展算法在知识挖掘的概念层次。在总体性能测试方面，新算法对数据挖掘的效率都有明显提高，它们特别适用于非结构化数据库的知识挖掘。最后，本章讨论了在网络故障诊断系统中，进行知识获取时应处理的几个问题。

参 考 文 献

[1]　刘培奇. 新一代专家系统知识处理的研究与应用[D]. 西安交通大学博士学位论文，2005.9.

[2]　刘培奇，卢麟，廖福燕，等. 基于一次性数据库访问策略的关联规则挖掘算法的研究. 微电子学与计算机，2010.12.

[3]　卢麟，刘培奇. Study On An Improved Apriori Algorithm And Its Application In Supermarket. ICIS2010，2010.4.

[4]　王永庆. 人工智能原理与方法[M]. 西安：西安交通大学出版社，1998.

[5]　刘培奇，李增智，赵银亮. 扩展产生式规则的网络故障诊断专家系统[J]. 西安交通大学学报，2004，38(8)：783 - 786.

[6]　刘康平，朱海萍，李增智. 告警关联与故障诊断专家系统研究与实现[J]. 上海：计算机工程. 2002.28(6)：11 - 68.

[7]　Fayyad U, Piatetsky - shapiro G, Smyth P. Advances in Knowledge Discovery and Data Mining[M]. MIT Press，1996.

[8]　史忠植. 知识发现[M]. 北京：清华大学出版社，2002.

[9]　Fayyad U, Piatesky - shapiro G, Smyth P. From data mining to knowledge discovery：an overview. Advances in Knowledge Discovery and Data Mining[C]. California：AAAI Press，1996，1 - 36.

[10]　刘康平. 网络故障管理中的知识发现方法 [D]. 西安：西安交通大学博士学位论文，2001.

[11]　王云岚. 知识发现算法的研究及其在网络管理中的应用[D]. 西安交通大学博士学位论文. 2004.

[12]　Fayyad U. Knowledge Discovery and Data Mining Towards a Unifying Framework. KDD'96 Proc. 2nd Intl. Conf. On Knowledge Discovery & Data Mining [C], AAAI Press，1996：82 - 88.

[13]　Chen M S, Han J, Yu P S. Data Mining：An Overview from a Database Perspective[J]. IEEE Trans. On Knowledge and Data Eng. 1996，8(6)：866 - 883.

[14]　Piatetsky - Shapiro G, Frawley W J. Knowledge Discovery in Databases [M]. AAAI/MIT Press，1991.

[15]　Fayyad U. Knowledge discovery in databases：An overview, Lecture

Notes in Artificial Intelligence[J]. Springer – Verlag, 1997: 3 – 16.

[16] Agrawal R, Imielinski T, Swami A. Mining association rules between sets of items in large databases [J]. Proceedings of the ACM SIGMOD Conference on Management of data: 207 – 216, May 1993.

[17] Jiawei Han, Micheline Kamber. 数据挖掘概念与技术[M]. 范明, 孟小峰, 等, 译. 北京: 机械工业出版社, 2001.

[18] Mannila H, Toivonen H, Verkamo AI. Efficient Algorithms for Discovering association rules[C]. In: Proc of AAAI Workshop on Knowledge Discovery in Databases, Seattle, 1994, 181 – 192.

[19] Agrawal R, Mannila H, Srikant R. Fast discovery of association rules [J]. Advances in Knowledge Discovery and Data Mining, AAAI Press, 1996: 307 – 328.

[20] Fayyad U, Piatesky – shapiro G, Smyth P. From data mining to knowledge discovery: an overview. Advances in Knowledge Discovery and Data Mining[C]. California: AAAI Press, 1996, 1 – 36.

[21] Piatesket – Shapiro G. Discovery, Analysis, and Presentation of strong rules[C]. Advances in Knowledge Discovery and Data Mining, AAAI/ MIT Press, 1991, 229 – 238.

[22] Savasere A, Omiecinski E, and Navathe S. An efficient algorithm for mining association rules in large database, Procedings of 21th International Conference on Very Large Data Bases [C], Morgan Kaufmann, 1995: 432 – 444.

[23] Park J S, Chen M S, Yu P S. Using a Hash – Based Method with Transaction Trimming For Mining association Rules[J]. IEEE Transactions on Knowledge and Data Engineering, 1997, 9: 813 – 825.

[24] Park J, Chen M, Yu P. An Effective hash based algorithm for mining association rules[J]. IEEE Trans. On Knowledge and Data Engineering, Sept. 1997, 9(5): 813 – 825.

[25] Toivonen H. Sampling large database for association rules. Proceding of 1996 International Conference on Very Large Databases Bombay[C], India, Sept. 1996, Bombay, India, Sept. 1996: 132 – 145.

[26] R Agrawal, R Srikant. Fast algorithm for mining association rules. In: Proceedings of the 20th International Conference on Very Large Databases[C], Santiago, Chile, 1994: 487 – 499.

[27] Toivonen H，Klemettinen M，Ronkainen P. Pruning and grouping discovered association rules [J]. In：Mlnet Workshop on Statistics，Machine Learning，and Discovery in Database，Gete，Greece，1995：47 - 52.

[28] Houtsma M，Swami A. Set_oriented mining for association rules in relational databases[C]. In：Proc. of 11th Internatioal Conference on Data Engineering，1995，Taipei，IEEE Computer Society Press，25 - 33.

[29] Han J，Fu Y. Discovery of multiple - level association rules from large databases[C]. In：Proc. of the 21th Very Large Databases，Zurich，1995，420 - 431.

[30] Srikant R，Agrawal R. Mining generalized association rules[C]. In：Proc of 21th Very Large Database，Zurich，1995，407 - 419.

[31] Agarwal R C，Aggarwal C C，Prasad VVV. A Tree Projection Algorithm for finding frequent itemsets [J]. Journal on Parallel and Distributed Computing，to appear.

[32] Agarwal R C，Aggarwal C C，Prasad VVV. A Tree Projection Algorithm for Generation of Large Itemsets for Association Rules [J]. IBM Research Report，RC 21341.

[33] Agarwal R C，Aggarwal C C，Prasad VVV. Depth First Generation of Long Patterns [J]，Proceeding of ACM SIGKDD Conference，2000.

[34] 刘培奇，李增智，赵银亮. 基于数据库约简的关联规则挖掘算法[J]. 西安：西安交通大学学报，2003，37(6)：836 - 839.

[35] 冯浩，陶宏才.快速挖掘最大频繁项集[J].微电子学与计算机，2007，24(5)：123 - 126.

[36] 袁鼎荣，严小卫. Apriori 算法的复杂性研究[J].广西科学，2005，12(2)：115 - 122.

[37] Luo Jianxiong，M. Bridgest Susan. Mining fuzzy association rules and fuzzy frequency episodes for intrusion detection[J]. International Journal of intelligent systems，2000，Vol. 15，No. 8，pages：687 - 703.

[38] 程继华，施鹏飞，郭建生. 模糊关联规则及挖掘算法[J]. 沈阳：小型微型计算机系统，1999，20(4).

[39] 严小卫，蒋运承. 模糊数据挖掘[J].沈阳：小型微型计算机系统. 2001，22(4)：504 - 506.

[40] 黄艳，王延章. 关系数据库中模糊相关规则的提取[J]. 系统工程理论方

法应用，1999，8(1)：50－53.

[41] 张文修，王国俊，等. 模糊数学引论[M]. 西安：西安交通大学出版社，1992.

[42] 何新贵. 模糊数据库系统[M]. 北京：清华大学出版社，1994.

[43] Subramanim Mani. Network Management：Principles and Practices [M]. Addison Wesley Longman，2001.

[44] Stallings William. SNMP 网络管理 [M]. 胡成松，汪凯翻，译. 北京：中国电力出版社，2001.

[45] 苓贤道，安常青. 网络管理协议及应用开发[M]. 北京：清华大学出版社，1998.

[46] Giarratano Joseph，Riley Gray. Expert Sysyem Principles and Programming [M]. Third Edition. PWS Pubplishing Company，a division of Thomson Learning，United States of America，1998. 北京：机械工业出版社，2002.

第 4 章　概念图与 EPRs 的知识推理

　　知识推理和不确定性知识的传播是专家系统的又一核心问题。在专家系统中，推理能力是衡量一个专家系统解决问题能力的重要标志。知识推理和知识表示密切相关，由于现实世界中客观事物的多样性和知识表示的不确定性，导致了专家系统在解决实际问题中必须能够进行不确定性知识表示和不确定性知识推理。针对不确定性知识，已有主观 Bayes 方法、确定性理论、可能性理论和证据理论等传统推理方法[1-3]。本章主要介绍概念图与 EPRs 的推理问题首先对概念图中知识推理进行了形式化，设计了投影匹配推理算法、相容匹配推理算法和语义约束的最短语义距离匹配推理算法，然后简要地介绍了传统不确定性知识表示的推理方法和不确定性知识的传播，重点论述了 EPRs 推理和灰色知识推理[4]。

4.1　基　本　概　念

　　在正式介绍各种推理方法之前，首先介绍有关知识推理的基本概念。

4.1.1　知识推理

　　在人们对各种事物进行分析、综合、得到结论并且最终作出决策时，都要从实际事实出发。通过运用掌握的知识和处理类似问题的经验，找出其中蕴含的事实，经过对已经掌握的知识进行归纳、类比和匹配得到新的事实。一般情况下，我们把这种从已知事实得到新事实的过程称为推理。推理过程可严格的定义为

　　定义 4.1　知识推理是按照某种策略由已知判断推导出另一判断的思维过程。

　　按照形式语言系统[5]，本章将知识推理的过程形式化定义为

　　定义 4.2　知识推理是一个 5 元组：

$$(q_0, Q, K, G, \sigma)$$

其中：

q_0：初始状态；

Q：问题空间，是对要求解问题的描述；

K：知识库中的知识；

G：为目标状态集合，也就是问题的解空间，$G \subseteq Q$；

σ：推导操作，是 Q 和 K 到 G 的映射，即

$$\sigma: Q \times K \rightarrow G$$

可以看出，知识推理的过程是知识库中的知识和状态之间的映射过程，整个推理就是隐式状态空间上的搜索。

4.1.2 知识推理的分类

对于不同的知识表示形式，专家系统可采用不同的知识推理形式[2, 6-9]。常见的推理形式有以下划分方法：

1. 按照推理途径分类

推理的基本任务是从一种判断推导出另一种判断的过程。按照推理途径可将推理分为演绎推理、归纳推理和默认推理。

1) 演绎推理

演绎推理是从全称判断推导出特称判断或单称判断的过程，也就是由一般性知识推出适合于某一具体情况的结论，是一个由一般到个别的推理过程。在演绎推理中常用的是逻辑学中著名的三段论，它包括：

大前提：已知的一般性知识或假设。

小提前：具体情况或个别事实的判断。

结论：由大提前推出的适合小提前所示情况的新判断。

演绎推理是一种重要的推理方式，大多数智能系统都使用演绎推理。

2) 归纳推理

归纳推理是从大量的实例中归纳出一般性结论的推理过程，是从个别到一般的推理。归纳推理又分为完全归纳推理和不完全归纳推理。所谓完全归纳推理就是在考察了全部实例后得到的推理结果，是一种必然性推理。不完全归纳推理是经过对部分实例的考察得到的推理结果，是一种非必然性推理。由于考察大量实例的困难，归纳推理带有一定片面性。但是，归纳推理仍是人类智能活动中的一种最基本、最常用的推理形式。

3) 默认推理

默认推理又称为缺省推理，是在知识不完全的情况下假设某些条件已经具

备时的推理。由于这种推理是建立在对某些前提的假设下进行的，所以推理结论的正确性完全依赖于初始假设的可靠性。

2. 按照知识的确定性分类

根据知识推理时所使用知识的确定性可以将知识推理划分为确定性推理和不确定性推理。确定性推理属于经典逻辑推理，推理时所使用的知识是精确的，推出的结论也是确定的，其真值要么为真，要么为假。不确定性推理是指推理所使用的知识是不精确的，推理的结论也不完全肯定。

3. 按照推理结论与推理目标之间的关系分类

按照推理中的结论与推理目标之间的关系将知识推理分为单调推理和非单调推理。单调推理是指在推理过程中随着推理进程的推进和新事实的加入，推出的结论呈单调增加的趋势，并且越来越接近最终目标。与此相反，非单调推理是指在推理过程中，新事实的加入，有时不仅没有加强已经推出的结论，反而否定已推出的结论，使推理过程退回到以前的某一阶段，重新推理。

4. 按照启发性知识运用情况的推理分类

所谓启发性知识，是指与所求解的问题有关，并且能够加快推理进程，使问题求解的过程朝着最有希望的方向前进，有利于求出问题的最优解的知识。如果在推理过程中使用了启发性知识，这种推理为启发式推理，否则就为非启发式推理。在人工智能学科中，特别是在专家系统的应用中，启发式推理占据着举足轻重的地位。但是，在解决实际问题时，由于抽象启发性知识有一定的困难，非启发式推理还占有一席之地。

5. 按照方法论角度的推理分类

从方法论的角度，可将推理划分为基于知识的推理、统计推理以及直觉推理。

1）基于知识的推理

基于知识的推理就是根据已经掌握的事实，通过运用已有的知识进行推理。例如，勘探专业人员根据地下的土质结构，运用自己已经掌握的地质知识，可以判断出地下是否有需要的矿藏，这就是典型的基于知识的推理。在专家系统中的推理就是基于知识的推理，推理的知识就是专家系统中的知识库。

2）统计推理

统计推理是根据对样本空间中大量实例的特征进行的数据统计，得到有关事物特征的结论。例如，根据农作物产量的数据统计，可以判断出农作物是丰收还是欠收，进一步找出出现丰收和欠收的原因，这就是典型的统计推理。

3）直觉推理

直觉推理又称为常识性推理，是根据一些常识进行的推理。例如，当你看到天上电闪雷鸣、狂风大作时，你会立即意识到可能大雨马上来临，就会寻找雨具，如果在家中，就会关上窗户。这就是日常生活中有关直觉推理的例子。直觉推理在人类的活动中是司空见惯的，但是，在计算机上的专家系统中实现起来就比较困难，这也是计算机智能化的过程中追求的目标。

推理除了以上的几种分类方法之外，还可根据推理的复杂程度将推理分为简单推理和复杂推理；根据推理结论的必然性将推理分为必然性推理和或然性推理；在不确定推理中又可将推理分为概率推理和模糊推理。总之，推理的方法很多，在实际应用中，要根据实际需要，选择合适的推理方法。

4.1.3 推理的控制策略

推理过程是一个思维过程，也是一个问题求解的过程。问题求解的质量和效率不仅依赖于问题求解的方法，而且还依赖问题求解的策略。这里所说到的策略就是知识推理的控制策略[10]。专家系统中控制策略的基本问题主要包括推理方向、推理中应用的策略冲突消解等。

1. 推理方向

推理方向是专家系统中推理的驱动方式，它包括正向推理、逆向推理、双向混合推理。无论使用哪种推理方式，系统中必须有知识库、事实库和推理机。

1）正向推理

正向推理是从已知的事实出发推导出结论的一种推理过程。正向推理又称为事实驱动推理、向前链推理、模式制导推理和前件推理等。

基本思想：从用户提供的初始事实出发，在知识库 KB 中找出当前可用的知识，构成可使用知识集合 KS，然后按照某种冲突消解策略从 KS 中取出一条知识进行推理。如果推理结果是求解的目标，则推理过程结束；否则将推理结果作为新的事实加入到数据库中，再重复选择知识、冲突消解和进行推理的过程。

2）逆向推理

逆向推理是以某个假设目标作为出发点的一种推理过程。逆向推理又称为目标驱动推理、逆向链推理、目标制导推理和后件推理等。

基本思想：首先选定一个假设目标，然后找出支持该假设的证据。若所需的证据都能在数据库中找到，则说明原假设是成立的。若证据在知识库中找不到，则将证据作为新的假设子目标，再找支持该子目标的证据。这个过程重复进行，直到所有的中间假设都成立，则说明初始假设目标成立；若无论如何都找不到所需要的证据，说明原假设不成立，此时需要另作新的假设。

逆向推理的主要优点是不必使用与目标无关的知识，目的性强，同时它还有利于向用户提供解释。逆向推理的最大缺点是初始目标选择的盲目性，若不符合实际，就要多次提出假设，影响系统的推理效率。

3）双向混合推理

正向推理除了存在盲目性、推理效率低等缺点外，还会在推理过程中出现许多与问题求解无关的子目标，容易造成"组合爆炸"。对于逆向推理，若提出的假设目标不符合实际，也会造成推理效率的下降。解决这些问题的最好方法是将正向推理和逆向推理相结合，从目标假设和已知事实两个方面同时进行推理，当两个推理过程在中间相遇时，推理结束，这时逆向推理的目标假设就是推理结论。这种推理方式就称为双向混合推理。

双向混合推理的最理想情况是推理能够在推理过程中相遇（如图 4.1 所示），推理中出现的最坏情况为正向推理与逆向推理过程"擦肩而过"，推理的时间代价是一般单向推理的两倍（如图 4.2 所示）。

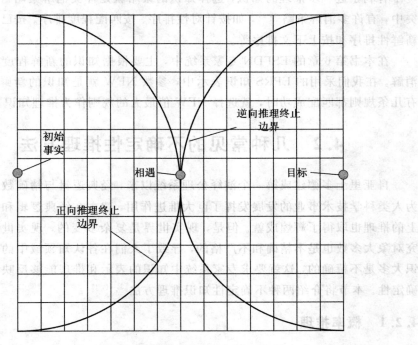

图 4.1　双向推理的理想情况

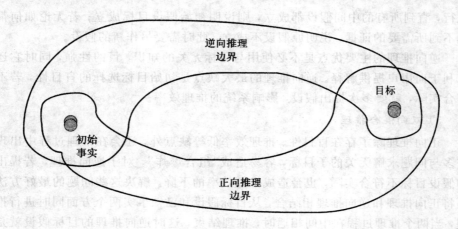

图 4.2　双向推理的最坏情况

2. 冲突消解策略

当有多个知识匹配成功时，就出现了冲突。这时需要按照一定的策略选择一个有利于进一步推理的知识，选择知识的策略就是冲突消解策略。在解决冲突中，有许多消解策略[1, 2]，如按针对性排序、按匹配程度排序、按已知事实的新鲜性排序和按上下文排序等。

在本书第 6 章的 ESFDN 专家系统中，主要根据知识的新鲜程度实现冲突消解。在我们采用的 EPRS 知识表示中，参数 NEW 就是知识的新鲜程度。当有几条规则都匹配成功时，就选择 NEW 值最大的规则作为推理知识。

4.2　几种常见的不确定性推理方法

自亚里士多德建成第一个演绎公理系统以来，经典逻辑与精确数学的建立为人类科学技术事业的发展发挥了巨大推进作用，建立在经典逻辑和精确数学上的推理也取得了辉煌成就。但是，现实世界是复杂多变的，现实世界中的研究对象大多数也是不精确和不严格的，导致了人们在各认知领域中的信息和知识大多是不精确的，这就要求专家系统中知识的表示和推理能够反映出这种不确定性。本节将介绍两种不确定性知识推理方法[3, 11, 12]。

4.2.1　概率推理

在概率推理中，根据证据和假设的不同复杂程度，将概率推理分为 3 种情况。

1. 简单的概率推理

设有如下产生式规则

$$\text{IF } E \text{ THEN } H$$

证据 E 的不确定性为 $P(E)$，概率推理就是求出在证据 E 下结论 H 发生的概率 $P(H/E)$。由条件概率公式知

$$P(H/E) = \frac{P(E/H)P(H)}{P(E)}$$

2. 多假设的概率推理

如果一个证据支持多个假设 $H_1, H_2, \cdots, H_n$，即

$$\text{IF } E \text{ THEN } H_i (i = 1, 2, \cdots, n)$$

则根据 Bayes 定理有

$$P(H_i/E) = \frac{P(H_i)P(E/H_i)}{\sum\limits_{j=1}^{N} P(H_j)P(E/H_j)} \qquad (i = 1, 2, \cdots, n)$$

3. 多前提和多假设的概率推理

如果有多个证据 $E_1, E_2, \cdots, E_n$ 支持多个假设 $H_1, H_2, \cdots, H_m$，即

$$\text{IF } E_i \text{ THEN } H_j (i = 1, 2, \cdots, n; j = 1, 2, \cdots, m)$$

则根据 Bayes 定理可扩展为

$$P(H_i/E_1 E_2 \cdots E_m) = \frac{P(H_i) \prod\limits_{j=1}^{m} P(E_j/H_i)}{\sum\limits_{j=1}^{n} \left\{ P(H_j) \prod\limits_{k=1}^{m} P(E_k/H_j) \right\}} (i = 1, 2, 3, \cdots, n)$$

关于概率推理的典型例子在相关文献中都有详细的论述[1, 3, 10]。

4.2.2　主观 Bayes 推理

主观 Bayes 是 R. O. Duda 和 P. E. Hart 等人在 1976 提出的一种不确定性知识推理方法，是在 Bayes 公式的基础上发展起来的新方法，建立了相应的不确定性推理模型，并且在地矿勘探专家系统 PROSPECTOR 中得到了成功应用。在主观 Bayes 中，知识表示为

$$\text{IF } E \text{ THEN } (\text{LS}, \text{LN}) H$$

式中，(LS, LN) 为知识的静态强度，LS 为充分性因子，LN 为必要性因子，它们分别用来衡量证据 E 对结论 H 的支持程度和 $\sim E$ 对 H 的支持度。定义

$$\text{LS} = \frac{P(E/H)}{P(E/\sim H)}$$

$$\text{LN} = \frac{P(\sim E/H)}{P(\sim E/\sim H)} = \frac{1-P(E/H)}{1-P(E/\sim H)}$$

定义概率函数为 $O(X) = \dfrac{P(X)}{P(\sim X)}$，则可得到概率函数和 LN 与 LS 的关系为

$$O(H/E) = \text{LS} \cdot O(H)$$
$$O(H/\sim E) = \text{LN} \cdot O(H)$$

在主观 Bayes 方法中，证据的不确定性也用概率表示。初始证据为 E，由用户根据观测 S 给出 $P(E/S)$。由于 $P(E/S)$ 的给出很困难，所以在 PROSPECTOR 系统中用初始证据的可信度 $C(E/S)$ 进行变通。证据的可信度为介于 -5 和 $+5$ 之间的 11 个整数，它表示对提供的证据的相信程度。初始证据的可信度与概率的对应关系如图 4.3 所示。

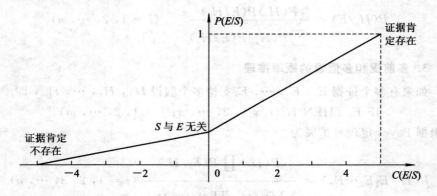

图 4.3　$C(E/S)$ 与 $P(E/S)$ 的对应关系

1. 证据组合的不确定性算法

当组合证据为多个单一证据的合取，即 $E = E_1 \wedge E_2 \wedge \cdots \wedge E_n$ 时，
$$P(E/S) = \min\{P(E_1/S), P(E_2/S), \cdots, P(E_n/S)\}$$
当组合证据为多个单一证据的析取，即 $E = E_1 \vee E_2 \vee \cdots \vee E_n$ 时，
$$P(E/S) = \max\{P(E_1/S), P(E_2/S), \cdots, P(E_n/S)\}$$

2. 不确定性传递算法

当证据肯定存在时，
$$P(H/E) = \frac{\text{LS} \times P(H)}{(\text{LS}-1) \times P(H) + 1}$$
当证据肯定不存在时，
$$P(H/\sim E) = \frac{\text{LN} \times P(H)}{(\text{LN}-1) \times P(H) + 1}$$

当证据不确定时，可使用 EH 公式和 CP 公式。*EH* 公式为

$$P(H/S) = \begin{cases} P(H/\sim E) + \dfrac{P(H) - P(H/\sim E)}{P(E)} \times P(E/S) & 0 \leqslant P(E/S) < P(E) \\ P(H) + \dfrac{P(H/E) - P(H)}{1 - P(E)} \times [P(E/S) - P(E)] & P(E) \leqslant P(E/S) \leqslant 1 \end{cases}$$

CP 公式为：

$$P(H/S) = \begin{cases} P(H/\sim E) + [P(H) - P(H/\sim E)] \times [\dfrac{1}{5}C(E/S) + 1] & C(E/S) \leqslant 0 \\ P(H) + [P(H/E) - P(H)] \times \dfrac{1}{5}C(E/S) & C(E/S) > 0 \end{cases}$$

其中，对应初始证据推理时，根据已知的 $C(E/S)$ 应用 CP 公式计算；在推理过程中，将中间结论作为证据进行推理时，应用 EH 公式计算。

4.2.3　可信度方法

可信度方法是 E. H. Shortliffe 等人在确定性理论的基础上，结合概率论等理论提出的一种不确定性推理方法。可信度方法在专家系统 MYCIN 中得到了成功的应用。目前，可信度方法已经成为许多专家系统的推理方法。在可信度方法中，知识的一般表示形式为

$$\text{IF } E \text{ THEN } H \ (\text{CF}(H, E))$$

其中，$\text{CF}(H, E) \in [-1, 1]$ 是知识的可信度因子，它表示当证据 E 为真时对假设 H 的支持度。$\text{CF}(H, E)$ 越大，假设 H 为真的可能性越大。$\text{CF}(H, E)$ 定义为

$$\text{CF}(H, E) = \text{MB}(H, E) - \text{MD}(H, E)$$

上式中的 MB 和 MD 分别为

$$\text{MB}(H, E) = \begin{cases} 1 & \text{若 } P(H) = 1 \\ \dfrac{\max\{P(H/E), P(H)\} - P(H)}{1 - P(H)} & \text{否则} \end{cases}$$

$$\text{MD}(H, E) = \begin{cases} 1 & \text{若 } P(H) = 0 \\ \dfrac{\min\{P(H/E), P(H)\} - P(H)}{- P(H)} & \text{否则} \end{cases}$$

1. 组合证据不确定性算法

当规则中的证据 E 是多个单一证据的合取时，即

$$E = E_1 \wedge E_2 \wedge \cdots \wedge E_n$$

且已知 $\text{CF}(E_1)$, $\text{CF}(E_2)$, $\cdots$, $\text{CF}(En)$，则

$$\text{CF}(E) = \min\{\text{CF}(E_1), \text{CF}(E_2), \cdots, \text{CF}(E_n)\}$$

当规则中的证据 E 是多个单一证据的析取时，即

$$E = E_1 \vee E_2 \vee \cdots \vee E_n$$

且已知 $CF(E_1)$，$CF(E_2)$，…，$CF(E_n)$，则

$$CF(E) = \max\{CF(E_1), CF(E_2), \cdots, CF(E_n)\}$$

2. 不确定性传播算法

不确定性传播算法就是根据证据和规则的可信度计算假设可信度的方法。若证据 E 的可信度为 $CF(E)$，规则为

$$IF\ E\ THEN\ H\ (CF(H, E))$$

则假设的可信度 $CF(H)$ 为

$$CF(H) = CF(H, E) \cdot \max\{0, CF(E)\}$$

3. 结论的不确定性合成算法

当有多条知识支持同一假设时，即

$$IF\ E_1\ THEN\ H\ (CF(H, E_1))$$

$$IF\ E_2\ THEN\ H\ (CF(H, E_2))$$

则

$$CF_1(H) = CF(H, E_1) \cdot \max\{0, CF(E_1)\}$$

$$CF_2(H) = CF(H, E_2) \cdot \max\{0, CF(E_2)\}$$

$$CF_{1,2}(H) = \begin{cases} CF_1(H) + CF_2(H) - CF_1(H) \times CF_2(H) & \text{若 } CF_1(H) \text{ 和 } CF_2(H) \text{ 都非负} \\ CF_1(H) + CF_2(H) + CF_1(H) \times CF_2(H) & \text{若 } CF_1(H) \text{ 和 } CF_2(H) \text{ 都为负} \\ \dfrac{CF_1(H) + CF_2(H)}{1 - \min\{|CF_1(H)|, |CF_2(H)|\}} & \text{若 } CF_1(H) \text{ 与 } CF_2(H) \text{ 符号相异} \end{cases}$$

另外，近几年中又有许多改进的可信度表示方法。例如，带有阈值的不确定性推理和证据中带有可信度因子的不确定性推理等推理方法。

4.3 EPRs 规则的不确定性推理

EPRs 是一种扩展产生式规则知识表示方法。在利用 EPRs 表示一条知识时，知识的不确定性反映在它的 CF 值的计算、IM 值对 CF 值的影响和灰数的计算中。本节重点介绍 EPRs 规则的知识推理和 CF 值的传播算法。

4.3.1 EPRs 的推理机制

在 EPRs 中，知识的推理主要由 EPRs 规则中的证据概念图与事实概念图的匹配完成。EPRs 中知识的推理机制包括不确定推理、完全匹配推理、投影推

理、相容匹配推理和语义约束推理。不确定推理将在本节与 CF 值和 IM 值一起详细介绍，下面首先对完全匹配推理、投影匹配推理、相容匹配推理和语义约束推理进行讨论。

1. 完全匹配推理

完全匹配推理是 EPRs 规则中的事实概念图同规则的证据之间的一种完全匹配形式，与一般产生式规则的推理方式类似，是一种最理想的推理方式。只要规则的证据（前提）概念图与事实概念图完全相同，就匹配成功，得到需要的结论概念图。

例如，在专家系统的知识库中，有关网络布线知识的 EPRs 规则为

Rule x

IF

[交换机 A]←(Bel)←[双绞线]→(Sch)→[非 T568A]

THEN

[交换机 A]←(Loc)←[网络]→(Speed)→[慢]

PROC

[交换机 A]←(Bel)←[双绞线]←(Obj)←[改变]

在上面的知识中，关系 Bel 和关系 Sch 分别表示"属于"和"方案"。这时，如果我们已经有事实

[交换机 A]←(Bel)←[双绞线]→(Sch)→[非 T568A]

（含义：交换机 A 上的双绞线不符合 T568A 标准。）

它与规则的证据完全匹配，所以就可得到结论：

[交换机 A]←(Loc)←[网络]→(Speed)→[慢]

（含义：交换机 A 所在的网络速度慢。）

并向用户提出进一步的建议：

[交换机 A]←(Bel)←[双绞线]←(Obj)←[改变]

（含义：变更交换机 A 的布线。）

这就是完全匹配推理，是所有推理中最简单、最基本的推理方式。

2. 投影匹配推理

投影匹配推理是建立在概念图的投影关系[13]上的推理。下面首先介绍与概念图的投影相关的概念。

定义 4.3　设 c_1，$c_2 \in C$。如果 c_2 比 c_1 更抽象，则称概念 c_2 是概念 c_1 的概化，而概念 c_1 是概念 c_2 的特化，记为 $c_1 \leqslant c_2$。

按照定义 4.3，在概念集合上的概念之间的"$\leqslant$"是一种关系，它形成了概

念的层次。例如，老虎、食肉动物、哺乳动物和动物是有关动物的概念，可构造概念层次"老虎≤食肉动物≤哺乳动物≤动物"。按照概念间"≤"关系的定义，概念 A 自己形成一种平凡的"$A \leqslant A$"自反关系；如果有关系 $A \leqslant B$ 和 $B \leqslant C$，则必然有关系 $A \leqslant C$，所以关系"≤"为传递关系；对于任何关系"≤"，若 $A \leqslant B$ 和 $B \leqslant A$ 成立，当且仅当 $A = B$，所以关系"≤"为反对称关系。因此，关系"≤"组成了概念空间的偏序关系。如果在概念空间中增加两个原始概念，即全局概念（表示为⊤）和不可能概念（表示为⊥），则关系"≤"组成概念空间上的格关系。

概念之间的"≤"关系，反映了概念之间的种和属的关系，形成概念层次。任何概念都有内涵和外延之分，概念的内涵是概念对象本质属性的反映，而概念的外延指具有概念所反映本质的对象集合。在概念图中，概念的类标识符是概念内涵的体现，概念的所指域为概念外延的所指，它可以是值、变量、个体或集合，如 $[\text{Cat}：\{a_1, a_2, a_3\}]$ 特指名为 a_1, a_2, a_3 的三只猫。概化就是增大概念的外延，减小概念内涵；相反，特化就是减小概念的外延，增加概念的内涵。

定义 4.4 设 u 和 v 是概念图。如果$(\exists c_1 \in Cu)(\exists c_2 \in Cv)c_1 \leqslant c_2$，则 $u \leqslant v$。也就是说，概念图 v 是概念图 u 的概化，而概念图 u 是概念图 v 的特化。

定义 4.5 设概念图 $u \leqslant v$，则一定存在一个映射 $\pi：v \rightarrow u$，πv 是 v 的子图，为 v 在 u 上的投影[13]。

例如，我们有概念图

$$v：[\text{Animal}：* x] \leftarrow (\text{Agnt}) \leftarrow [\text{Flies}]$$
$$u：[\text{Animal}：\text{Swan}] \leftarrow (\text{Agnt}) \leftarrow [\text{Flies}] \rightarrow (\text{Goal}) \rightarrow [\text{Southward}]$$

则 v 在 u 上的投影 πv 为

$$\pi v：[\text{Animal}：\text{Swan}] \leftarrow (\text{Agnt}) \leftarrow [\text{Flies}]$$

映射 π 具有以下性质：

性质 4.1 对于概念图 v 中的任何概念 c，πc 是 πv 中满足 $\text{type}(\pi c) \leqslant \text{type}(c)$ 的概念节点。如果 c 是个体概念，则 c 的所指与 πc 的所指相同。

性质 4.2 对于概念图 v 中的任何关系 r，πr 是 πv 中满足 $\text{type}(\pi r) \leqslant \text{type}(r)$ 的关系节点。在概念图 v 中，如果 r 的第 i 条边连向概念节点 c，则在 πv 中 πr 的第 i 条边必然连向 πc。

由性质 4.1 和 4.2，可得到定理 4.1。

定理 4.1 设 u, v 是概念图，$u \leqslant v$。若 πv 是 v 在 u 上的投影，则 πv 与 v 同构。

证明： 由定义 4.5 可知：① πv 中的概念关系与 v 中的概念关系相同；② 对于 πv 中的任何概念 c_i，在 v 中都存在相应的概念 d_i，并且 c_i 是 d_i 的某种限制；③ 对于 v 中的任何概念关系 r，若有 $c_i r c_j$（即概念关系 r 与概念 c_i 和 c_j 相关联），

则在 πv 中必然存在关系 r，且有 $d_i r d_j$。因此，πv 与 v 同构。∎

例如，已知 EPRs 规则为

Rule x

IF

$\qquad$ [Person：$* x$]←(Agnt)←[Eat]→(Manr)→[Fast]

THEN

$\qquad$ [Person：$* x$]→(Start)→[Hungry]

并且有事实 u：

$\qquad$ [Girl：Sue]←(Agnt)←[Eat]→(Manr)→[Fast]

则概念图 v 是规则的前提，投影为 πv：

$\qquad$ [Girl：Sue]←(Agnt)←[Eat]→(Manr)→[Fast]

存在合一参数：

$$\theta = \{\text{Girl/Person}，\text{Sue}/x\}$$

由规则和事实 u，以及合一参数得到推论：

$\qquad$ [Girl：Sue]→(Start)→[Hungry]

通过对这个例子推理过程的考察，我们可得到一条重要结论：投影匹配推理可实现事实与规则之间的不完全推理。

定理 4.2 设 u, v 是概念图，$u \leqslant v$。若 u' 为 v 在 u 上的投影，则对于与关系类型 r 相连接的概念 $c' \in C_{u'}$ 和 $c \in C_u$，必有 $c' \leqslant c$。

证明：（略）。∎

定理 4.2 主要说明了投影概念图与原始概念图之间的关系。根据定理 4.1 和定理 4.2，下面设计了概念图 u 和概念图 v 之间的投影匹配算法（The Matching Algorithm by Projection on Conceptual Graphs，简称为 MAPCG 算法）。

算法 4.1 MAPCG 算法

Input：u，v

Output：u'

Begin

$\qquad$ $CS_{u'} = \varphi$；$RS_{u'} = \varphi$；

$\qquad$ While u' is not Connected

$\qquad\qquad$ $RS = RS_v$；

$\qquad\qquad$ While $RS \neq \varphi$

$\qquad\qquad\qquad$ $(\forall r) R \in RS$，$d_i R d_j$；

$\qquad\qquad\qquad$ $RS = RS - \{R\}$；

$\qquad\qquad\qquad$ If $R \in RS_u$ and $c_k R c_l$

Then

    If $c_k \leqslant d_i$ and $c_l \leqslant d_j$

    Then

        $CS_{u'} = CS_{u'} \bigcup \{d_i, d_j\}$;

        $RS_{u'} = RS_{u'} \bigcup \{R\}$;

    EndIf

EndIf

End

        End

    End

3. 相容匹配推理

相容匹配推理又称为最大连接推理，是建立在概念图中概念相容理论上的推理。概念相容可定义为[14]

定义 4.6 若概念 c_1 和 c_2 存在最大公共子类 c_3，即对任意的概念节点 c，如果 $c \leqslant c_1$，$c \leqslant c_2$，则必然存在概念 c_3，满足 $c \leqslant c_3$，则称概念 c_1 与 c_2 为相容概念，c_1 与 c_2 的相容概念记为 $c_1 \oplus c_2$。

定义 4.7 设 u_1，u_2，v 和 w 是概念图。如果 $u_1 \leqslant v$ 和 $u_2 \leqslant v$，那么 v 称为 u_1 和 u_2 的公共概化；如果 $w \leqslant u_1$ 和 $w \leqslant u_2$，那么 w 被称为 u_1 和 u_2 的公共特化。

定义 4.8 设概念图 u_1 和 u_2 有公共概化 v，投影 $\pi_1: v \rightarrow u_1$ 和 $\pi_2: v \rightarrow u_2$，称概念图 v 的任何概念 c 是相容的。

定义 4.9 对于概念图 u、v 和 w，若 w 中的概念关系是 u 和 v 的并集，w 中的概念是 u 和 v 中概念的相容概念，则称 w 是 u 和 v 的最大连接概念图，即

$CS_w = \{z \mid z = x \oplus y, x \in CS_u, y \in CS_v\}$

$RS_w = \{r \mid r \in RS_u \vee r \in RS_v\}$

$P_w = \{c \mid c \in P(CS_w) \wedge |c| \leqslant 1\}$

$\delta_w: CS_w \times RS_w \rightarrow P_w$

概念的格结构保证了两概念图的相容。最大连接就是建立在相容概念基础上的连接，它累加了原始概念图的相容概念，保留了概念图的不同部分。例如，有概念图

u：[Eat]—(Manr)→[Fast]

            (Agnt)→[Person：Sue]

v：[Eat]—(Obj)→[Pie]

            (Agnt)→[Girl：*x]

则在概念图 u 和 v 中，概念节点［Person：Sue］和［Girl：＊x］的相容概念为［Girl：Sue］。在概念图 u 和 v 中的合一参数为

$$\theta_u = \{Girl/Person\}$$
$$\theta_v = \{Sue/x\}$$

概念图 u 和 v 的最大连接 w 为

$$［Eat］—（Manr）\rightarrow［Fast］$$
$$（Agnt）\rightarrow［Girl：Sue］$$
$$（Obj）\rightarrow［Pie］$$

定理 4.3　对于任意两个概念图，存在唯一的最大连接图。

证明： 因为概念间的关系"≤"为偏序，则在任何两个概念之间必存在最大公共子类，所以任何两个概念图的最大连接图必然存在。设 u、v 为两个概念图，则最大连接图 w 可通过以下几步得到：① 对 u、v 中的相同概念和相同关系，将 u 中的对应概念和关系加入到 w 中；② 对 u、v 中的不同概念和相同关系，将两概念的相容概念和关系加入到 w 中；③ 对 u、v 中的不同概念和不同关系，将两概念和关系分别加入到 w 中。重复以上 3 步，直到 u 和 v 中再没有其他概念和关系为止，这时就构造出唯一的概念图 w。按照定义 4.9 中关于最大连接图的定义，w 是 u 和 v 的最大连接图。■

相容关系的连接是建立在相容概念上的最大连接，它合并了概念图中所有相容概念，保留了概念图的所有不同的概念。概念最大连接比概念投影的条件宽。例如，概念［Person：Sue］和［Girl：＊x］在投影时不能进行合一，但是在概念最大连接中可合一成［Girl：Sue］。在基于概念图的推理中，相容连接可实现知识的相容匹配推理。

定理 4.3 实际上给出了构造基于相容概念的最大连接图的有效方法。根据定理 4.3，本节设计了概念图的相容匹配算法（The Algorithm of Consistent Match on Conceptual Graphs，简称 ACMCG）。算法 ACMCG 的详细过程如下：

算法 4.2　ACMCG 算法

Input： u，v

Output： w　　　//w 为 u 和 v 的最大连接图

Begin

　　　$CS_w = \varphi$；$RS_w = \varphi$；

　　　While $RS_u \neq \varphi$

　　　　　$(\forall R)R \in RS_u$，$d_i R d_j$；

　　　　　$RS_u = RS_u - \{R\}$；

If $R \in RS_v$ and $c_k R c_l$

Then

If c_k, d_i is consistent and c_l, d_j is consistent

Then

$g = c_k \oplus d_i$;   //g 是 c_k 和 d_i 的相容概念

$h = c_l \oplus d_j$;   //h 是 c_l 和 d_j 的相容概念

$CS_w = CS_w \bigcup \{ g, h \}$;

$RS_w = RS_w \bigcup \{ R \}$;

$\theta_u = \{ d_i/g, d_j/h \}$;

$\theta_v = \{ c_k/g, c_l/h \}$;

$RS_v = RS_v - \{ R \}$;

EndIf

Else

$CS_w = CS_w \bigcup \{ d_i, d_j \}$;

$RS_w = RS_w \bigcup \{ R \}$;

EndIf

End

While $RS_v \neq \varphi$ //对于 v 中其余概念和概念关系的处理

$(\forall R)R \in RS_v$, $c_k R c_l$;

$RS_v = RS_v - \{ R \}$;

$CS_w = CS_w \bigcup \{ c_k, c_l \}$;

$RS_w = RS_w \bigcup \{ R \}$;

End

End

4. 最短语义距离匹配推理

在投影匹配推理和相容匹配推理中，匹配的约束很严格。这种推理在有些情况下将推导出不尽人意的结果，没有较好地反映出问题空间的实际情况。在推理中产生这种结果的主要原因是在推理过程中仅仅考虑了概念之间的概化（或特化）和概念的相容关系，没有考虑概念在概念类层次结构中的语义关系。另外，相容匹配推理是找两个概念的最大公共子类，而最短语义距离匹配推理是找两个概念最短语义距离的概念，它可能是最大下界，也可能是最小上界。因此，在概念图的匹配推理中，基于语义约束的最短语义距离匹配推理是一种条件更宽松的匹配推理。

在概念类层次结构中，不同概念在类层次结构中的位置不同，概念之间的连接线反映了概念之间的概化(或特化)关系。从下向上概念逐步抽象化(概化);反之,从上向下概念越来越具体(特化)。子类概念继承了父类概念的所有特性。一个概念与其他概念之间的差异不仅反映在概念的概化和特化关系上,而且还反映在概念所在类层次结构中的具体位置。图 4.4 是一个有关部分生物之间的概念类层次结构图。

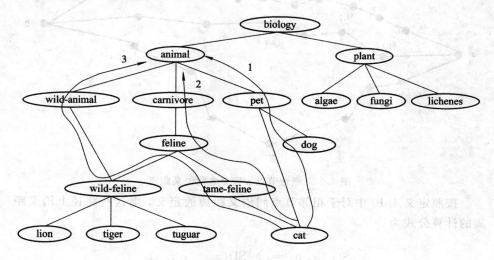

图 4.4　部分生物的概念类层次结构图

在图 4.4 中,概念 lion 和 cat 进行相容匹配推理时,有 lion≤feline≤animal 和cat≤feline≤animal 两个关系。如果简单地将概念节点 lion 和 cat 按照相容匹配推理为 animal 是没有错误的,但是由于 animal 还包括其他类别,如 wild-animal 等,这就会使人想到 cat 也属于 wild-animal,产生了不必要的误会。但是,如果将 lion 和 cat 按照相容匹配推理为 feline 就比较适当。这两种匹配的唯一差别是 lion 和 cat 在概念类层次结构图中的位置不同,也就是说,概念 lion 和 cat 与 feline 的距离小于概念 lion 和 cat 与 animal 的距离。为了避免出现上述情况,本节引入基于语义约束的最短语义距离匹配推理。

在讨论语义约束的最短语义距离匹配推理之前,首先定义几个相关概念。

定义 4.10　在概念类层次结构图中,将每一条连结线上的相邻节点 a 和 b 间的语义距离(The Semantic Distance)定义为 1,记为 $\mathrm{SD}(a, b)=1$。

例如,在图 4.4 中,$\mathrm{SD}(\mathrm{dog}, \mathrm{pet})=1$。

定义 4.11　在概念类层次结构图中,对于任意两个概念 a 和 b,则 a 和 b 之间的语义距离为 a 到 b 的最短距离。

在图 4.5 中,概念节点 a 和 b 之间有 n 条路径,第一条路径标记为 0,a 到

b 之间共有 l_1 个节点。为了以后计算方便，在第一条路径中将节点 a 记为第 0 个节点，节点 b 记为第 l_1+1 个节点。对于其他路径将按照类似的方法对节点标记。

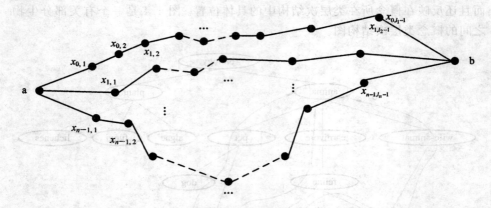

图 4.5　概念节点 a 到 b 之间语义距离

按照定义 4.10 中对于相邻节点间语义距离的定义，则这些路径上语义距离的计算公式为

$$SD_0(a,b) = \sum_{i=1}^{l_1+1} SD(x_{0,i-1}, x_{0,i})$$

$$SD_1(a,b) = \sum_{i=1}^{l_2+1} SD(x_{1,i-1}, x_{1,i})$$

$$\vdots \qquad\qquad \vdots$$

$$SD_{n-1}(a,b) = \sum_{i=1}^{l_n+1} SD(X_{n-1,i-1}, X_{n-1,i})$$

按照定义 4.11，节点 a 和 b 之间的语义距离为

$$SD(a,b) = \mathop{MIN}_{j=0}^{n-1} SD_j(a,b)$$

例如，在图 4.4 中，概念 cat 和 animal 之间有 3 条通路，在通路 1 中，cat 和 animal 之间的路径长度为 2；在通路 2 中，cat 和 animal 之间的路径长度为 4；在通路 3 中，cat 和 animal 之间的路径长度为 5。按照定义 4.11，cat 和 animal 之间的语义长度为 2，即 SD(cat, animal)=2。

定义 4.12　设概念类标识符 a 和 b 的最小公共上界为概念类标识符 c，则 a 和 b 之间的语义距离为

$$SD(a,b) = SD(a,c) + SD(b,c)$$

例如，在图 4.4 中，cat 和 tiger 的最小公共上界为 feline，则

$$SD(cat, tiger) = SD(cat, feline) + SD(tiger, feline) = 4$$

定义 4.13　设 a、b 是概念图中的两个概念，$\lambda \in \mathbf{R}^+$。如果存在一个概念 c，使 c 满足：

（1）c 是 a 和 b 的最小公共上界。

（2）$SD(a, c) + SD(b, c) \leqslant \lambda$。

则称概念 a、b 是语义约束匹配，λ 为语义距离的阈值。

定义 4.14　称两概念图中相应节点间的语义约束匹配为概念图的最短语义距离匹配推理。

从定义 4.13 和定义 4.14 明显可以看出，概念图的最短语义距离匹配推理是在相容超类的基础上，加入了语义距离约束的匹配推理。显然，语义约束匹配推理能更好地反映出用户的需求，符合实际需要。根据以上理论，本节设计了最短语义距离的匹配算法（The matching algorithm of the Shortest Semantic Distance on Conceptual Graphs，简称 SSDCG）。算法实现起来也很容易，只要在算法 ACMCG 中增加 SD 的计算和判断即可。具体算法 SSDCG 可描述如下：

算法 4.3　SSDCG 算法

Input：u，v，λ　　　　　//λ 为语义距离的阈值

Output：w　　　　　　　//w 为 u 和 v 的语义约束匹配推理图

Begin

　　　$CS_w = \varphi$；$RS_w = \varphi$；

　　　While $RS_u \neq \varphi$

　　　　（$\forall R$）$R \in RS_u$，$d_i R d_j$；

　　　　$RS_u = RS_u - \{R\}$；

　　　　If $R \in RS_v$ and $c_k R c_l$

　　　　Then

　　　　　　If c_k，d_i has upper bound and c_l，d_j also has upper bound

　　　　　　Then

　　　　　　　　$g = c_k \vee d_i$；　　　//g 是 c_k 和 d_i 的最小上界

　　　　　　　　$h = c_l \vee d_j$；　　　//h 是 c_l 和 d_j 的最小上界

　　　　　　　　If $SD(g, c_k) + SD(g, d_i) \leqslant \lambda$ and $SD(h, c_l)$

　　　　　　　　　　　　　$+ SD(h, d_j) \leqslant \lambda$

　　　　　　　　Then

　　　　　　　　　　$CS_w = CS_w \bigcup \{g, h\}$；

　　　　　　　　　　$RS_w = RS_w \bigcup \{R\}$；

　　　　　　　　　　$\theta_u = \{d_i/g, d_j/h\}$；

$$\theta_v = \{\, c_k/g,\ c_l/h\,\};$$
$$RS_v = RS_v - \{R\};$$
$$\text{EndIf}$$
$$\text{EndIf}$$
$$\text{Else}$$
$$CS_w = CS_w \cup \{d_i,\ d_j\};$$
$$RS_w = RS_w \cup \{R\};$$
$$\text{EndIf}$$
$$\text{End}$$
$$\text{While } RS_v \neq \varphi \ //\text{概念图 v 中的其他概念和概念关系的处理}$$
$$(\forall R)R \in RS_v,\ c_k R c_l;$$
$$RS_v = RS_v - \{R\};$$
$$CS_w = CS_w \cup \{c_k,\ c_l\};$$
$$RS_w = RS_w \cup \{R\};$$
$$\text{End}$$
$$\text{End}$$

4.3.2　EPRs 规则中不确定性知识的传播

在 EPRs 规则中，证据和假设的不确定性反映在规则中的 CF 值上，另外，规则中的重要度 IM 和规则的静态强度 RC 对于 CF 值的传播也有很大影响。实际上，证据中的 IM 表明每一个证据在一条规则的整个证据中所占的权重（$0 \leqslant IM_i \leqslant 1(i=1, 2, \cdots, n)$，$\sum IM_i = 1$，规则中共有 n 个证据），IM 值越大，说明所对应的证据越重要。在推理过程中，CF 值可分为下面几种情况进行计算[2, 15]：

1. 证据合取的 CF 值计算

当规则的证据为合取时，合取证据 E 的可信度 CF 为
$$CF(E) = \min\{IM_1 \cdot CF(E_1),\ IM_2 \cdot CF(E_2),\ \cdots,\ IM_n \cdot CF(E_n)\}$$
$$= \min_{i=1}^{n} IM_i CF(E_i)$$

2. 证据析取的 CF 值计算

当规则的证据为析取时，析取证据 E 的可信度 CF 为
$$CF(E) = \max\{IM_1 \cdot CF(E_1),\ IM_2 \cdot CF(E_2),\ \cdots,\ IM_n \cdot CF(E_n)\}$$
$$= \max_{i=1}^{n} IM_i \cdot CF(E_i)$$

3. 合取节点的 CF 值计算

推理中的合取节点，表示用一条规则都推导出假设，该规则的证据是几个证据的合取，对应着节点的几个分支(见图 4.6 中(a))。节点的 CF 值为

$$CF(E) = RC \cdot \min\{IM_1 \cdot CF(E_1), IM_2 \cdot CF(E_2), \cdots, IM_n \cdot CF(E_n)\}$$
$$= RC \cdot \min_{i=1}^{n} IM_i \cdot CF(E_i)$$

4. 析取节点的 CF 值计算

析取节点反映了多条规则推导出同一结论的推理过程(见图 4.6 中(b))。

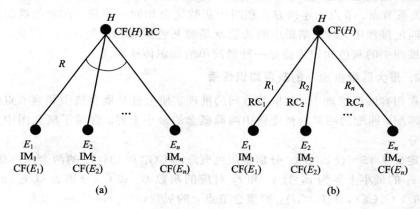

图 4.6 合取节点与析取节点的 CF 值计算

首先计算出每一条规则的 CF 值，其中第 i 条规则 R_i 的 CF 值为

$$CF_i(H) = RC_i \cdot \max\{0, CF(E_i) \cdot IM_i\}$$

然后按照下述递推公式计算：

$$CF_{1,2,\cdots,n}(H) = \begin{cases} CF_{1,2,\cdots,n-1}(H) + CF_2(H) \\ \quad - CF_{1,2,\cdots,n-1}(H) \times CF_2(H) & \text{若 } CF_{1,2,\cdots,n-1}(H) \text{ 和 } CF_2(H) \text{ 都非负} \\ CF_{1,2,\cdots,n-1}(H) + CF_2(H) \\ \quad + CF_{1,2,\cdots,n-1}(H) \times CF_2(H) & \text{若 } CF_{1,2,\cdots,n-1}(H) \text{ 和 } CF_2(H) \text{ 都为负} \\ \dfrac{CF_{1,2,\cdots,n-1}(H) + CF_2(H)}{1 - \min\{|CF_{1,2,\cdots,n-1}(H)|, |CF_2(H)|\}} & \text{若 } CF_{1,2,\cdots,n-1}(H) \text{ 与 } CF_2(H) \text{ 符号相异} \end{cases}$$

4.3.3 灰色知识的传播

在概念图中有 4 种匹配推理方式，分别是完全匹配推理、投影匹配推理、相容匹配推理和语义约束匹配推理。实际上，灰色概念图的基本匹配形式只有完全匹配、最大匹配和最小匹配。其中，投影匹配推理属于概念格中的最小匹

配推理，相容匹配推理属于概念格中的最大匹配推理，而基于语义约束的匹配推理是在最小语义距离约束下的相容匹配推理。

对于灰色概念图，概念图的匹配过程除了根据源概念图生成新的目标概念图外，还要计算新概念图中相应概念节点和关系节点的灰数。根据源概念图计算新概念图中灰数的方法称为灰色知识传播。下面按照 3 种最基本的形式讨论灰色知识的传播形式。

1. 完全匹配推理中的灰色知识传播

在灰色概念图推理中，所谓完全匹配推理就是在两个概念图中，概念节点、关系节点、节点的连接方式和图中灰数完全相同的推理。在灰色概念图的完全匹配推理中，匹配结果中的灰数就是源灰色概念图中的灰数。因此，完全匹配推理中的灰色知识传播是一种最简单的知识传播形式。

2. 最大匹配推理中的灰色知识传播

在相容匹配推理中，相应节点间的推理实质上就是概念格中相容节点间的最大匹配，匹配的结果取概念格中两源概念的最小上界，保留了概念图中的不同部分。

定义 4.15 设 c_1 和 c_2 分别是灰色概念图 CG_1 和 CG_2 中的两个灰色概念，c_1 和 c_2 的最小上界为 c，且 c_1 和 c_2 对应的灰数 G_1 和 G_2 分别为 $G_1 \in [a, b]$ $(a < b)$，$G_2 \in [c, d]$ $(c < d)$，则概念节点 c 的灰数 $G \in [e, f]$ $(e < f)$ 为

$$e = \min\{a, c\}$$
$$f = \max\{b, d\}$$

即

$$G \in [\min\{a, c\}, \max\{b, d\}]$$

对于非区间形的灰数 G_1 和 G_2，设 $G_1, G_2 \in G(U)$，$\forall u \in U$，定义 $G = G_1 \cup G_2$ 的隶属函数为

$$\begin{cases} \overline{\mu}_{G_1 \cup G_2}(u) = \overline{\mu}_{G_1}(u) \vee \overline{\mu}_{G_2}(u) \\ \underline{\mu}_{G_1 \cup G_2}(u) = \underline{\mu}_{G_1}(u) \wedge \underline{\mu}_{G_2}(u) \end{cases}$$

定义 4.15 实际上提供了一种计算匹配概念灰数的方法。方法的正确性在实际推理中是显而易见的。例如，按年计算，猫的年龄 $\in [10, 18]$，狗的年龄 $\in [13, 20]$，则猫和狗的最小上界为宠物，宠物的年龄 $\in [10, 20]$。

一般情况下，任意一个概念 c 的上界都是比概念 c 更抽象的概念，抽象概念的灰数数域比具体概念的数域大。

3. 最小匹配中的灰色知识传播

另外一种推理是最小匹配推理，投影匹配推理就属于最小匹配推理。最小

匹配推理的实质是在概念格上取概念的最大下界。

定义 4.16　设 c_1 和 c_2 分别是灰色概念图 CG_1 和 CG_2 中的两个灰色概念，c_1 和 c_2 的最大下界为 c，且 c_1 和 c_2 对应的灰数 G_1 和 G_2 分别为 $G_1 \in [a, b]$ $(a < b)$，$G_2 \in [c, d]$ $(c < d)$，则概念节点 c 的灰数 $G \in [e, f]$ $(e < f)$ 为

$$e = \max\{a, c\}$$
$$f = \min\{b, d\}$$

即

$$G \in [\max\{a, c\}, \min\{b, d\}]$$

一般情况下，设 G_1，$G_2 \in G(U)$，$\forall u \in U$，定义 $G = G_1 \cap G_2$，G 的隶属函数为

$$\begin{cases} \overline{\mu}_{G_1 \cap G_2}(u) = \overline{\mu}_{G_1}(u) \wedge \overline{\mu}_{G_2}(u) \\ \underline{\mu}_{G_1 \cap G_2}(u) = \underline{\mu}_{G_1}(u) \vee \underline{\mu}_{G_2}(u) \end{cases}$$

例如，在图 4.4 中，wild-animal（野生动物）和 feline（猫科动物）的最小上界为 wild-feline（野生猫科动物），wild-animal 的年龄一般在 [3, 100]，feline 的年龄在 [3, 15]，所以 wild-feline 的年龄在 [3, 15]。一般情况下，概念越具体，它的灰数数域就越小。

4.4　灰色概念图的匹配推理

灰色概念图与一般概念图的唯一差别主要体现在概念图中节点的表示上。在灰色概念图中，概念节点和关系节点除了节点的类标识符之外，还增加了节点中类标识符对应的灰数。因此，在灰色概念图中，概念图的匹配问题不仅仅是节点类标识符之间的匹配，还应该有相应的灰数的匹配。仅当概念图中节点的类标识符匹配，并且对应灰数匹配时，才认为是概念图中的节点匹配，称这种匹配是一种灰色匹配（Grey Matching）。如果两灰色概念图中所有节点都满足匹配条件，就认为两灰色概念图匹配。

定义 4.17　在两个灰色概念图中，节点的类标识符和灰数都匹配时，则称两灰色概念图匹配。

从定义 4.17 可以看出，灰色概念图的匹配过程由类标识符匹配和灰数匹配两步组成，其中类标识符的匹配与 4.3 节中的匹配情况相同，它可以采用完全匹配推理、投影匹配推理、相容匹配推理和语义约束匹配推理。灰数间的匹配问题可通过计算灰数的匹配度来实现。

4.4.1 区间灰数的匹配问题

在讨论灰色概念图的匹配问题之前，首先应对区间灰数之间的关系进行必要的研究。区间灰数与一般数不同，由于它们强调的是灰色概念，在它们之间没有像一般实数间的大小关系。为了表示两个灰数之间的相似程度，在本书中引入了灰数的匹配度。

在灰色理论中，灰度反映了灰数的不确定性。一般情况下，灰度越大，则灰数的不确定性越大。灰度[16]被定义为

定义 4.18 设有区间灰数 $G \in [a, b]$，$a < b$，则灰度 g 为

$$g(G) = L(G)/|E(G)|$$

其中，$L(G)$ 为信息域的长度，$L(G) = |b - a|$；$E(G)$ 为灰数的均值白化数，

$$E(G) = \begin{cases} (a+b)/2 & G \text{ 为连续性灰数} \\ \dfrac{1}{n}\sum_{i=1}^{n} a_i & G \text{ 为有限个值的离散性灰数} \\ \lim_{n\to\infty} \dfrac{1}{n}\sum_{i=1}^{n} a_i & G \text{ 为无限个值的离散性灰数} \end{cases}$$

两个区间灰数相近时，它们的灰度差应该也相近。

定义 4.19 设有区间灰数 G_1，G_2，则灰度差 DG 定义为

$$DG(G_1, G_2) = \frac{|g(G_1) - g(G_2)|}{g(G_1) + g(G_2)}$$

两个灰度相同的灰数仅仅说明了两灰数的不确定性相同，但是不足以说明两个灰数的相近程度。在实践中，两个区间灰数的区间相似性也是衡量两个灰数之间关系的一个重要指标，为此，作者在这里定义了两个区间灰数的相似度。

定义 4.20 设有两个区间灰数 $G_1 \in [a_1, b_1]$（$a_1 < b_1$），$G_2 \in [a_2, b_2]$（$a_2 < b_2$），则 G_1 与 G_2 的相似度（Degree of Similarity，DS）定义为

$$DS(G_1, G_2) = \begin{cases} 1 & G_1 \text{ 与 } G_2 \text{ 相同} \\ \dfrac{\min\{|a_1 - a_2|, |b_1 - b_2|\}}{\max\{|a_1 - a_2|, |b_1 - b_2|\} \times |L(G_1) - L(G_2)|} & \text{其他} \end{cases}$$

在实践中，根据我们对灰数的直观认识，两个区间灰数的灰度差越小，说明两个区间灰数的差别越小；两个区间灰数的相似性越大，则说明两个灰数越相近。基于以上的直观认识，两个区间灰数的匹配度可定义为

定义 4.21 两个区间灰数的相似程度称为区间灰数的匹配度，简称匹配度（Degree of Matching，DM）。匹配度与两灰数的相似度成正比，与灰度差成反

比，即

设有区间灰数 G_1，G_2，则

$$\mathrm{DM}(G_1, G_2) = \frac{\mathrm{DS}(G_1, G_2)}{1 - \mathrm{DG}(G_1, G_2)}$$

例如，已知有区间灰数 $G_1 \in [4, 8]$，$G_2 \in [5, 7]$，$G_3 \in [9, 17]$，$G_4 \in [4, 8]$，则它们之间的灰度差、相似性和匹配度的计算如下：

$$g(G_1) = 0.667, \ g(G_2) = 0.333, \ g(G_3) = 0.615, \ g(G_4) = 0.667$$
$$\mathrm{DG}(G_1, G_2) = 0.334, \ \mathrm{DG}(G_1, G_3) = 0.04, \ \mathrm{DG}(G_1, G_4) = 0$$
$$\mathrm{DS}(G_1, G_2) = 0.5, \ \mathrm{DS}(G_1, G_3) = 0.138, \ \mathrm{DS}(G_1, G_4) = 1$$
$$\mathrm{DM}(G_1, G_2) = 0.75, \ \mathrm{DM}(G_1, G_3) = 0.145, \ \mathrm{DM}(G_1, G_4) = 1$$

根据以上计算结果可知，G_1 与 G_4 完全相同，它们的匹配度为 1；G_1 与 G_2 比较相近，其匹配度为 0.75；G_1 与 G_3 的差别比较大，其匹配度为 0.145。

4.4.2　灰色概念图的匹配推理

定义 4.22　在灰色概念图中，节点的匹配度是两个灰色概念匹配程度的定量描述。

在概念图的匹配过程中引入节点的匹配度，使概念图中节点的匹配过程更加具体化，增加了概念图匹配过程的可操作性。在两概念图匹配过程中，可以由用户输入一个匹配度的阈值，当计算的匹配度大于阈值时，就认为两概念图匹配，否则认为两概念图是不匹配的。

在定义灰色概念图的匹配度之前，首先应该对概念图中的灰色概念、灰色关系的匹配度作出定义。

定义 4.23　设有灰色概念 $c_1 = [t_1, e_1, G_1]$ 和 $c_2 = [t_2, e_2, G_2]$，则 c_1 与 c_2 之间的匹配度 MC(Matching of Concepts) 可定义为

$$\mathrm{MC}(c_1, c_2) = \begin{cases} \mathrm{DM}(G_1, G_2) & t_1 \text{ 与 } t_2 \text{ 匹配} \\ 0 & \text{否则} \end{cases}$$

也就是说，当两概念的类标识符满足完全匹配、投影匹配、相容匹配或语义约束匹配时，才计算两个概念的灰数匹配值。只有概念的类标识符匹配，并且相应灰数的匹配值在约定的阈值范围之内时，才认为两概念匹配。

定义 4.24　设有灰色关系 $r_1 = [t_1, G_1]$ 和 $r_2 = [t_2, G_2]$，则 r_1 与 r_2 之间的匹配度 MR(Matching of Relations) 可定义为

$$\mathrm{MR}(r_1, r_2) = \begin{cases} \mathrm{DM}(G_1, G_2) & t_1 \text{ 与 } t_2 \text{ 匹配} \\ 0 & \text{否则} \end{cases}$$

定义 4.25　设有灰色概念图 GCG_1 和 GCG_2，则 GCG_1 与 GCG_2 之间的匹

配度 MG(Matching of gray conceptual Graphs)可定义为

$$MG(GCG_1 , GCG_2) = \frac{1}{m+n}\Big[\sum_{\substack{i=1 \\ c_i \in CS_1 \\ c_i' \in CS_2}}^{m} MC(c_i , c_i') + \sum_{\substack{j=1 \\ r_j \in RS_1 \\ r_j' \in RS_2}}^{n} MR(r_j , r_j')\Big]$$

其中，$m=\max\{|CS_1| , |CS_2|\}$，$n=\max\{|RS_1| , |RS_2|\}$。

4.5 模糊含权概念图的匹配推理

模糊含权概念图实际上是概念图的实际应用。本节结合自动化考试系统中简答题的自动批阅过程，介绍模糊含权概念图概念，以及模糊含权概念图的匹配推理过程[17-20]。

4.5.1 模糊含权概念图

在人工简答题的批阅过程中，一道简答题的答案包含许多得分点，试卷评阅人根据考生答案中的得分点和答卷情况，计算考生得分。在基于概念图知识表示的简答题计算机自动阅卷中，根据题目涉及的课程知识结构、概念的内涵和外延，设计简答题的得分点，将得分点作为相应概念的权值，设计一种含权概念图。

定义 4.26 概念图中含有权值 $w(w \in [0,1] \subset R)$ 的概念节点称为含权概念节点。

含权概念节点标识符用"概念类型：参考域|w"的形式表示。对于一个具体问题，各概念节点的权值表示一道简答题中各得分点在题目分数中所占的比例。题目中出现的概念为原始概念图，其权值为 0，不参加分值计算；其他概念的权值根据题目考查要求取 0 到 1 间的实数。

定义 4.27 由含权概念节点、关系节点和有向弧组成含权概念图(Conceptual Graphs with weight，简称 CGw)。

含权概念图是题目的参考答案，是具有实际意义的概念图，称为正则图。例如，对于"CPU 包含哪几个部分"的问题，参考答案为"CPU 包含运算器、控制器、寄存器和内部总线"，则含权概念图可表示为

$$[CPU|0]\text{—}(Incl)\rightarrow[运算器|0.35]$$
$$\rightarrow[控制器|0.35]$$
$$\rightarrow[寄存器|0.20]$$
$$\rightarrow[内部总线|0.10]$$

其中，关系 Incl 为包含关系；CPU 为原始概念，其权值为 0，其他概念的权值

分别为0.35、0.35、0.20 和 0.10。在计算机自动阅卷中，通过题目的分值、考生答题概念图和标准答案概念图的匹配情况，计算题目分值。

在试题标准答案和考生答案可精确匹配时，含权概念图可有效解决简答题的自动阅卷问题。但是，在一个班中仅有少数考生的答案和标准答案完全一致，往往考生答案是五花八门。例如，"内部总线"就有"内部连线"、"连接线"、"连线"等，在人工阅卷中教师很清楚考生回答的概念是什么，尽管和标准答案不完全一致，可适当地给一定分值。人工阅卷的过程反映在自动阅卷程序中，就是概念图的模糊不精确匹配，用模糊概念图[21]实现模糊匹配过程。

定义 4.28　设 L_e 是实体子类，I 为标记集合，则概念 k 的模糊度 $C_k : L_e \times I \rightarrow [0, 1]$，模糊含权概念 k 可表示成 $[t : x|_{\lambda}^{C_k}]$，其中 $t = \text{type}(k)$，$t \in L_e$，$x = \text{referent}(k)$，$x \in I$，λ 为权值。

定义 4.29　模糊关系 r 可以表示为 $(t|\mu_r)$，其中 $t = \text{type}(r)$，$t \in L_e$，μ_r 指关系 r 满足的程度。

对于精确概念和精确关系，C_k 或 μ_r 可省略（默认 C_k 和 μ_r 值为1）。概念和关系的模糊度可通过概念结构中语义距离计算。对于 x 和 y，则语义距离 SD 为 x 和 y 间的路径长度。当 x 和 y 不在一条路径上时，其语义距离为 ∞（在算法中取 x 所在语义路径的最大长度 $\max(x)$）；当 $x = y$ 时，$\text{SD}(x, y) = 0$。若 x 和 y 间语义距离记为 $\text{SD}(x, y)$，则 x 和 y 的匹配度 ρ 为

$$\rho(x, y) = 1 - \text{SD}(x, y)/\max(x)$$

定义 4.30　由模糊含权概念、模糊关系和有向弧组成的有向 2 分图称为模糊含权概念图（Fuzzy Conceptual Graphs with weight，简称 FCGw）。

本节就是在模糊含权概念图知识表示基础上，结合简答题计算机自动阅卷过程，介绍模糊含权概念图的匹配推理问题。

4.5.2　概念间主要关系的表示

自然语言中概念间关系比较复杂，Collins 和 Quilian 在 1972 年研究了一般关系分类方法，将关系分为包含、从属、类同、组成、承接、因果和优先关系[22]。本节结合《大学计算机基础》课程的知识类型，提取了除语法关系（例如 Agnt，Obj，Time，Manr 等）之外的关系，主要有：

1. 包含关系

包含关系是课程中常见关系，用 Incl(Include) 表示，它揭示了部分和全体、类和子类之间的关系。例如，上例中的 INCL 就是包含关系。

2. 从属关系

一个类与其细分出来的小类之间的关系称为从属关系，用 Depe(Dependency)描述。例如，"计算机可分为大型机、中型机、小型机和微型机"可表示为

$$[计算机|_{\lambda_1}^{C_1}]\rightarrow(Depe|\mu_1)\rightarrow[大型机|_{\lambda_2}^{C_2}]$$
$$\rightarrow[中型机|_{\lambda_3}^{C_3}]$$
$$\rightarrow[小型机|_{\lambda_4}^{C_4}]$$
$$\rightarrow[微型机|_{\lambda_5}^{C_5}]$$

从属关系是主体和个体之间的依赖关系，没有主体，就没有个体。

3. 类同关系

一个已知类同其他类间具有许多相似性质，则称这两类间具有类同关系。类同关系用 Simi(Similarity)表示。在该课程中，将对一个名词的解释也归类为类同关系。例如，"计算机又称为电脑"可表示为

$$[计算机|_{\lambda_6}^{C_6}]\rightarrow(Simi|\mu_2)\rightarrow[电脑|_{\lambda_7}^{C_7}]$$

表示计算机和电脑是同一概念。

4. 组成关系

组成关系描述了主体和个体间的关系，用 Comp(Composition)表示。例如，"由计算机的软件系统、硬件系统构成了计算机系统"可表示为

$$[软件系统|_{\lambda_8}^{C_8}]\rightarrow(Comp|\mu_3)\rightarrow[计算机系统|_{\lambda_{10}}^{C_{10}}]$$
$$[硬件系统|_{\lambda_9}^{C_9}]\rightarrow$$

5. 分类关系

分类关系是一种类属关系，表示子类属于超类的一种事实，用 Type(Type of)表示。最简单的表达式是"X is a type of Y"，其中 X 是子类，Y 是超类。例如，"PC 是一种计算机"可用概念图表示为

$$[PC|_{\lambda_{11}}^{C_{11}}]\rightarrow(Type|\mu_4)\rightarrow[计算机|_{\lambda_{12}}^{C_{12}}]$$

表示 PC 计算机是计算机的一种类型。

在以上概念图中，λ_i，$C_i(i\in\{1, 2, \cdots, 12\})$ 分别为概念图权值和模糊度，$\mu_i(i\in\{1, 2, 3, 4\})$ 为关系的模糊度。

4.5.3 模糊含权概念图匹配推理

1. 概念类型格

概念类型格是问题空间求解的基础。对《大学计算机基础》课程，通过概念类型理论对课程中主要知识点进行分析，归纳出基本概念，建立概念类层次，组成课程的概念类型格(见图 4.7)。

图 4.7 为课程主要知识点组成的概念类型格，不涉及普通概念。图中

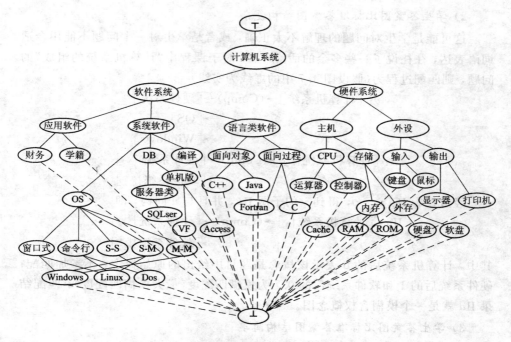

图 4.7　《大学计算机基础》课程概念类型格

S—S、S—M 和 M—M 分别为操作系统中单用户单任务、单用户多任务和多用户多任务的简写形式，图中的虚线是对中间一些概念的省略。

2. 模糊含权概念图匹配关系

在《大学计算机基础》课程考试中，根据模糊含权概念图，决定了自动阅卷的过程就是学生回答问题的概念图同教师标准答案的含权概念图的模糊匹配过程。在试卷批阅中，主要检查学生回答问题包含的知识点是否完善，概念是否准确，反映在概念图的匹配过程中，就是学生答案概念图向教师标准答案的投影匹配，去掉冗余部分，根据概念在概念类型格结构中的距离计算模糊匹配值。教师标准答案中的权值不参加匹配，仅在两个概念匹配后，将它复制到匹配结果概念图中，作为计算分值的依据。

设 v 为学生答卷的答案概念图，u 为教师的标准答案概念图，则在学生答案图和标准答案图之间存在 3 种关系：

1）学生答案图与标准答案图同构

这是一种最理想情况，也是一种最简单情况，仅需将对应关系关联的概念直接匹配即可。

2）学生答案图比标准答案图结构复杂

这可能是学生对问题的理解不太正确，或者是学生对一个问题不能用合适词语表达，往往说了一些多余的话。例如，对于课程中"计算机系统的组成"的问题，则匹配过程为（假设图 4.7 中的虚线为实线）

$$v：[计算机系统]\rightarrow(Comp)\rightarrow[硬件系统]$$
$$\rightarrow[OS]$$
$$\rightarrow[Windows]$$

$$u：[计算机系统|_0]\rightarrow(Comp)\rightarrow[硬件系统|_{0.5}]$$
$$\rightarrow[软件系统|_{0.5}]$$

经过投影 Π：$u\rightarrow v$，得到 v 的子图 Πu，并且与 u 同构，即

$$\Pi u：[计算机系统|_0]\rightarrow(Comp)\rightarrow[硬件系统|_{0.5}^1]$$
$$\rightarrow[软件系统|_{0.5}^{0.7}]$$

其中，计算机系统后的 0 表示该概念是题目中给出的原始概念，不参加匹配；硬件系统后的 1 和软件系统后的 0.7 为模糊匹配度（最大模糊匹配度），匹配结果 Πu 就是一个模糊含权概念图。

3）学生答案图比标准答案图结构简单

在学生对考题的知识点掌握不足时，回答的问题不足。例如，同样对于"计算机系统的组成"问题有

$$v：[计算机系统]\rightarrow(Comp)\rightarrow[OS]$$

$$u：[计算机系统|_0]\rightarrow(Comp)\rightarrow[硬件系统|_{0.5}]$$
$$\rightarrow[软件系统|_{0.5}]$$

经过投影 Π：$v\rightarrow u$，得到 u 的子图 Πv，并且与 v 同构，即

$$\Pi v：[计算机系统|_0]\rightarrow(Comp)\rightarrow[软件系统|_{0.5}^{0.7}]$$

在实际考试中，简答题的概念图比较简单，在无法预知学生答案图和标准答案图之间的复杂程度时，要准确得到题目答案，必须将标准答案图与学生答案图逐个比较匹配，再取对应节点匹配结果中模糊匹配度的最大值。对于概念图 v 和 u

$$v：[计算机系统]\rightarrow(Comp)\rightarrow[硬件系统]$$
$$\rightarrow[OS]$$
$$\rightarrow[Windows]$$

$$u：[计算机系统|_0]\rightarrow(Comp)\rightarrow[硬件系统|_{0.5}]$$
$$\rightarrow[软件系统|_{0.5}]$$

则初次匹配结果为

$$\Pi u: [计算机系统|_0] \rightarrow (\text{Comp}) \rightarrow [硬件系统|_{0.5}^A]$$
$$\rightarrow [软件系统|_{0.5}^B]$$

其中，A＝1/硬件系统＋0/ OS＋0/ Windows，B＝0/硬件系统＋0.7/ OS＋0.43/Windows，分别取 A，B 中对应概念的最大值，得到简化后的模糊含权概念图

$$\Pi u: [计算机系统|_0] \rightarrow (\text{Comp}) \rightarrow [硬件系统|_{0.5}^1]$$
$$\rightarrow [软件系统|_{0.5}^{0.7}]$$

通过模糊含权概念图计算学生题目的分值就很容易。设概念图中任意概念节点 k 的权值为 λ_k，模糊匹配度 ρ_k，题目分值为 P_t，则考生本题最后得分 P_s 为

$$P_s = P_t \sum_{k \in c} \lambda_k \times \rho_k$$

对于上面的试题，当题目分值为 10 分时，学生可得分

$$10 \times (1 \times 0.5 + 0.7 \times 0.5) = 8.5$$

3. PMFCGw 算法的设计与分析

设 v 为学生答案概念图，u 为教师标准答案概念图，模糊含权概念图 w 为 u 向 v 的基于语义距离的投影匹配结果。对于任意概念图 x，设概念节点集 $C_x = \{\langle T, \rho, \lambda \rangle | T$ 为 x 中的概念类标记$\}$，关系节点集 $R_x = \{\langle T, \mu \rangle | T$ 为 x 中的关系类标记$\}$，则模糊含权概念图的投影匹配(Projection Match based on Fuzzy Conceptual Graphs with weight，简称 PMFCGw)算法的主要思想可描述如下：

算法 4.4　PMFCGw 算法

S1：$C_u = \{c_i | c_i$ 为 u 中概念节点$\}$，$R_u = \{r_i | (\forall c_j, c_k \in C_u) c_j r_i c_k\}$，$C_w = C_u$
　　$C_v = \{c_i | c_i$ 为 v 中概念节点$\}$，$R_v = \{r_i | (\forall c_j, c_k \in C_v) c_j r_i c_k\}$

S2：$(\forall c) c \in C_w$，令 $\rho'_c = \varphi$；ρ'_c 记录概念 c 的匹配度集合

S3：若 $R_u = \varphi$，则转 S8。

S4：否则，$(\forall r) r \in R_u \wedge c_i r c_j \wedge c_i r c_j \in C_u$

S5：$R_u = R_u - \{r\}$

S6：当 $r \in R_v \wedge d_i r d_j \wedge d_i, d_j \in C_v$ 时
　　$\text{ABFS}(c_i, c_j, P_{ci}, P_{cj}, \text{TL})$，$\text{Lookfor}(d_i, P_{ci})$，$\text{Lookfor}(d_j, P_{dj})$
　　$\rho(c_i, d_i) = 1 - D(c_i, d_i)/\max(c_i)$，$\rho(c_j, d_j) = 1 - D(c_j, d_j)/\max(c_j)$
　　令 $\rho'_{ci} = \rho'_{ci} \bigcup \rho(c_i, d_i)$，$\rho'_{cj} = \rho'_{cj} \bigcup \rho(c_j, d_j)$
　　$R_w = R_w \bigcup \{r\}$，$C_w = C_w \bigcup \{c_i, c_j\}$

S7：转 S3

S8：$(\forall c) c \in C_w$，令 $c.\rho c = \max \rho'_c$

PMFCGw 算法的输入为 u,v 和概念格 TL，输出 w。从第 3 步到第 7 步对 R_u 循环，循环次数为 $|R_u|$。每次循环中，需在 R_v 中查找对应关系 r，最坏情况下循环 $|R_v|$ 次。因此总的循环次数为 $|R_u||R_v|$。第 6 步中的 ABFS() 是一个改进的宽度优先搜索算法，在 TL 中搜索 c_i 和 c_j，并返回所在路径 P_{ci} 和 P_{cj}，再通过 Lookfor() 分别在 P_{ci} 和 P_{cj} 中查找 d_i 和 d_j。设 TL 深度为 n，最大宽度为 m，则 ABFS() 最多查找 nm 次，Lookfor() 最多查找 n 次，总查找次数最大上界为 $|R_u||R_v|(nm+n)$。第 8 步是对 w 中概念求最大匹配值，w 中概念匹配的最多形式为 $|C_u||C_v|$，所以这一步时间代价为 $|C_w||C_u||C_v|$。因此算法 PMFCGw 最坏时总的时间代价为 $|R_u||R_v|(nm+n)+|C_w||C_u||C_v|$。

一般情况下，概念图中的关系为二元关系，每个关系同两个概念关联，因此在一个概念图中，概念节点的个数近似为关系节点个数的 2 倍。另外，根据投影匹配的同构性，有 $|C_w|=|C_u|$。因此，PMFCGw 最坏时总的时间代价为 $|R_u||R_v|(nm+4|R_u|)$，即时间复杂度为 $O(nm)$。

PMFCGw 算法的空间复杂度为概念图 u,v 和 w 的概念节点和关系节点所需的存储空间，以及概念类型格的存储空间，即 $|R_w|+|R_u|+|R_v|+|C_w|+|C_u|+|C_v|+nm$。对于二元关系的概念图，则存储空间近似为 $6|R_u|+3|R_v|+nm$。一般情况下。有 $nm\gg|R_u|$ 和 $nm\gg|R_v|$，所以空间复杂度为 $O(nm)$。

4.6 本章小结

本章首先回顾了推理的基本概念，然后简要地介绍了几种常见推理方法，重点讨论了 EPRs 规则的推理方法和灰色概念图的匹配推理问题。在 EPRs 规则中，对完全匹配推理、投影匹配推理和相容匹配推理进行了形式化定义，并给出了相应的匹配推理算法。针对完全匹配推理、投影匹配推理和相容匹配推理中存在的问题，介绍了最短语义距离匹配推理，并且定义了概念格中概念之间的语义距离，建立了语义距离约束的匹配推理算法 SSDCG。结合模糊概念图和语义距离，介绍了模糊含权概念图的定义和应用。在本章中，重点定义了灰色知识在规则推理中的传播方式和灰色概念图匹配中的灰数匹配度及灰色概念图的匹配度。

参 考 文 献

[1] 蔡自兴，徐光祐. 人工智能及其应用[M]. 3 版. 北京：清华大学出版社，2004.

[2]　王永庆. 人工智能原理与方法[M]. 西安：西安交通大学出版社，1998.

[3]　Giarratano Joseph, Riley Gray. Expert Sysyem Principles and Programming [M]. Third Edition. PWS Pubplishing Company, a division of Thomson Learning, United States of America, 1998. 北京：机械工业出版社，2002.

[4]　刘培奇. 新一代专家系统知识处理的研究与应用[D]. 西安交通大学博士学位论文，2005.9.

[5]　Michael Sipser. 计算理论导引[M]. 张立昂，王捍贫，黄雄翻，译. 北京：机械工业出版社，2002.

[6]　Nilsson Nils J. Artifical Intelligence：A New Synthesis[M]. Morgan Kaufmann Publishing, Inc., 1998. 北京：机械工业出版社，1999.

[7]　石存一，黄昌宁，王家廞. 人工智能原理 [M]. 北京：清华大学出版社，1993.

[8]　杨叔子，丁洪，史铁林，郑小军. 基于知识的诊断推理[M]. 北京：清华大学出版社，1993.

[9]　Luger George F. Artifical Intelligence：Structures and Strategies for Complex Problem Solving[M]. Fourth Edition. Pearson Education Limited，2002. 北京：机械工业出版社，2003.5.

[10]　何华灿，李太航，吕炎. 人工智能导论[M]. 西安：西北工业大学出版社.1988.

[11]　王国俊. 非经典数理逻辑与近似推理[M]. 北京：科学出版社，2000.

[12]　Russell Stuart, Norvig Peter. Artifical Intelligence：A Modern Approach [M]. Pearson Education Inc., 2002. 北京：人民邮件出版社，2002.

[13]　Sowa John F. Conceptual Structure：Information processing in mind and machine[M]. UK：Addison - Wesley Publishing Co. 1984. 69 - 123.

[14]　刘晓霞. 新的知识表示方法—概念图[J]. 西安：航空计算技术. 1997，4：28 - 32.

[15]　施鸿宝，王秋荷. 专家系统[M]. 西安：西安交通大学出版社. 1990.

[16]　刘思峰，郭天榜，方志耕，等. 灰色系统理论及其应用[M]. 3 版. 北京：科学出版社. 2004.

[17]　刘培奇，李增智.基于模糊含权概念图的主观题自动阅卷方法研究[J]. 计算机应用研究，2009.12.

[18] 刘培奇，李增智.主观题中模糊含权概念图匹配问题研究.计算机应用研究，2009.12.

[19] 刘培奇，李增智.模糊概念图知识表示及其推理机制研究.计算机应用研究，2010.6.

[20] 刘培奇，张林叶.模糊概念图知识表示方法的研究与实现.微电子学与计算机，2010.11.

[21] Wuwongse V，Manzano M. Fuzzy Conceptual Graph[C]. In Proc. Int. Conf. on Conceptual Structures，ICCS '93，LNAI 699，1993：430 – 449.

[22] 黄康，袁春凤.基于领域概念网络的自动批改技术[J].计算机应用研究，2004，11：260 – 262.

第 5 章　基于概念图的自然语言接口设计

自然语言是人类思想交流的方便、直接和易于使用的重要工具[1]。但在目前的专家系统中，常用命令行、菜单和窗口等软件接口方式。这些接口严重地限制了专家系统的应用，抑制了用户的使用热情，在一定程度上阻碍了专家系统的应用和发展。本章结合网络故障诊断专家系统的研究，设计了能够理解和生成有关计算机网络故障诊断方面汉语语句的自然语言接口，重点研究了基于概念图表示的自然语言生成的基本概念和方法[2,3]，详细地讨论了根据正则图生成汉语语句的过程，并设计了汉语语句的生成算法。

5.1　自然语言接口

自然语言接口是计算机软件系统的一个重要研究领域，也是专家系统的一个重要研究部分。自然语言接口在网络故障诊断专家系统中起着重要的作用。网络故障诊断专家系统由专家系统和自然语言接口两部分组成[4]。自然语言接口能理解和生成计算机网络故障诊断领域中的汉语语句；专家系统使用扩展产生式规则进行推理，推理结果是一个符合语义的概念图，即正则图。利用专家系统接口中的自然语言生成部分将正则图转换成一个汉语句子。为了使生成的汉语语句更加符合汉语的使用习惯，在汉语生成部分还增加了汉语语句优化模块。网络故障诊断专家系统中自然语言生成部分与其他模块之间的关系如图 5.1 所示。

在图 5.1 中，用户和专家系统之间的部分为专家系统的自然语言接口，其中预处理器、词法分析器、句法分析器、语义分析器以及词典库、PSG 规则库、句法库、正则图库组成了自然语言的理解（Natural Language Understanding，NLU）部分。当输入一条汉语语句后，自然语言理解部分首先启动预处理器切分汉语词汇，忽略一些不重要的词汇，并进行同义词处理，形成有效的词汇序列；再经过词法分析器、句法分析器、语义分析器进行分析，生成一个符合语义的概念图，推动专家系统工作，这个概念图称为工作图。语义分析的过程就是将用户输入语句的概念图同正则图库中的正则图进行匹配的过程。

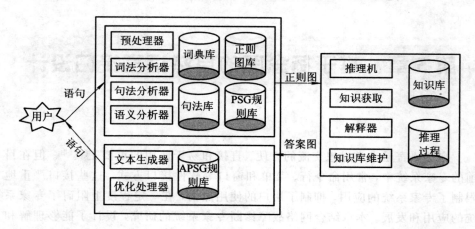

图 5.1 网络故障诊断专家系统的自然语言接口

专家系统部分由推理机、知识获取、解释器、知识库维护和知识库几个模块组成。当专家系统接收到一个符合语义的正则图后，立即启动专家系统中的相应模块完成用户指定的工作。专家系统的推理机可根据正则图的性质进行不确定性推理、确定性推理、完全匹配推理、投影推理和相容推理[5]。专家系统的推理结果和解释也是正则图，又因它是对用户信息的响应，故称其为答案图。

自然语言接口的另一个重要组成部分为自然语言生成（Natural Language Generation，NLG）。NLG 由文本生成器、优化处理器和 APSG 规则库组成。当自然语言接口接收到答案图后，系统根据答案图和汉语的 APSG 规则库生成自然语言文本（或语句）。为了使生成的文本更加符合人类的语言习惯，优化处理器对生成的语句进行适当的优化处理。经过消除重复、明确指代等细致的工作，最终呈现在用户面前的是一条标准的汉语语句。

在自然语言接口中，NLG 和 NLU 是两个不同分支。从表面上看，生成和理解是互逆的过程（如图 5.2 所示）[6]，NLG 是某种非语言的中间表示到具体自然语言的转换过程，而 NLU 是用计算机分析和理解自然语言，并将分析结果表示成非自然语言形式的中间结果的过程。实际上，理解的重点是结构，它的目标是针对一个固定的句子，在可能的结构和语义理解中找到最可能的一个中间结果；而生成的重点是功能，它的目标是对于固定的交际目标，从各种可能的不同功能中选出相应的结构表示，并把它们组合成合乎语法和语义的句子。生成过程是从功能到结构的过程。

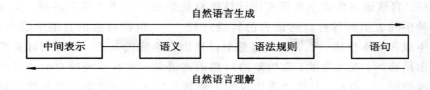

图 5.2 自然语言理解与自然语言生成的关系

根据以上讨论，本章将自然语言生成问题定义为

定义 5.1 设 M 为中间存储结果，S 为自然语言语句，则映射

$$\Phi: M \to S$$

被定义为自然语言生成。映射

$$\Gamma: S \to M$$

被定义为自然语言理解。其中，由中间结果 M 生成的自然语言全体记为 $L(M)$。

自然语言生成与自然语言理解的最大区别表现为

（1）自然语言生成与自然语言理解的过程相反，但不能认为是简单的互逆过程。自然语言生成是从语义到词串，而自然语言理解是从词串到语义。

（2）自然语言理解的重点在于语法结构和语义的排歧上，它利用各种知识对输入进行不同层面的扫描，使被分析的结构和语义逐步清晰；而自然语言生成的研究重点是按照用户的需求生成语句和文本。

自然语言生成与自然语言理解的共同点：同样利用词典、词类划分和词义；同样利用语法规则，同一种语言的生成语法规则和理解语法规则一致，不同的只是表示方法的差别；同样要解决诸如指代、省略等语用问题。这主要出现在篇章生成和理解中。本章主要考虑语句的生成问题。

通过自然语言接口，用户不需经过任何训练就可方便地操作计算机，方便地使用计算机软件，提高计算机的使用效率。

5.2 自然语言生成

自然语言生成最早可追溯到 20 世纪 40 年代末期机器自动翻译的研究。当时，NLG 仅仅作为机器翻译中生成输出文本的一个过程，还没有形成独立的理论。20 世纪 60 年代，随着一大批计算语言学家的不懈努力，NLG 逐渐形成一个活跃的研究领域。NLG 受到世界学术界的广泛关注，每两年都要举行一次国际学术大会。NLG 技术在国际上的发展相当迅速，但国内有关这一方面的研究较少[7, 8]，浓厚的研究氛围还有待形成。

NLG 是计算语言学和人工智能的一个交叉学科，它是自然语言理解的一大支柱。自然语言生成主要研究用计算机自动生成自然语言的各种技术，完成从各种中间表示到各种自然语言的转换过程[9-11]，包括自然语言的语音生成、单句生成和文本生成。单句生成是整个自然语言生成的基础，它要求计算机能够输出精确的、无冗余的、高质量的自然语言语句。文本生成是自然语言生成的高级阶段。一般地，自然语言生成的主要目的是为用户提供一种自然的信息交互形式，在计算机软件中达到提高软件使用效率的目的。本章主要研究基于正则图的自然语言生成问题。

基于正则图的自然语言生成系统是专家系统接口中自然语言的输出部分，为专家系统的用户输出适合用户习惯的自然语言语句。在系统中使用了基于概念图的知识表示形式，极大地方便了自然语言接口的设计。实践证明，概念图是一种优秀的知识表示方法[12-14]，为解决人工智能中人机接口问题和知识获取问题发挥了积极作用。

5.2.1 自然语言生成的历史

最初，Yngve 利用上下文无关文法随机生成符合语法的句子。在生成过程中，系统可以随机选择生成句子和词组类型，由词组类型产生名词、动词等结构，再将词随机地填入词组中。由于它的随机性，系统必将生成一些毫无意义的句子。1965 年，S. Klein 使用非随机的自然语言生成方法，其基础是从属语法。它将输入的语言分析成一棵从属语法树，词的从属关系由原始从属树导出，按一定的条件约束生成语句。Wingograd 的 SCHRDIU 系统是一个关于积木世界的生成系统，它通过对模板中变量的替代和响应回答问题。这一时期的系统主要用模板和一些已储存好的文本来生成句子，生成技术的主要工作集中在句法实现部分，实现方法也相对比较简单。

进入 20 世纪 80 年代后，自然语言生成技术开始从比较简单的模板系统向功能复杂的生成系统发展，生成理论也得到了相应提高，出现了比较复杂的文本规划理论，建立通用的文本生成系统。例如，Davay 的 PROTEUS 系统是一个游戏说明系统，此系统使用的语法类似于系统语法，在调用语法之前，PROTEUS 先给出生成句子的结构。该系统只限于具体领域，但也是一个具有智能的生成系统，它通过规划产生文本。这一时期的另一些工作主要集中在生成系统的句法理论研究方面。例如，McDonald 的 MUMBLE 系统是一个模仿人类说话的生成系统，将输入扩展成一个带有标注的语法树，并且用自顶向下的方法遍历这棵树，然后根据词典选择词汇，并用语法规则确定句子的结构，其主要贡献在于句法实现方面。

20 世纪 90 年代是生成技术的发展期。这一时期开始出现多模态/多语言的生成系统，而且统计生成方法在生成系统中得到了应用。生成技术的发展主要有：首先多模态系统，如 WIP 和 Project Reporter 系统；其次是一些新的文法在生成系统中得到了发展，如 MMT（Meaning Text Theory，MMT）文法，同时也出现了一些通用句法实现系统，如通用英语生成系统 FUT/SURGE、Bateman 的多语言生成系统 KOMET、Mckeown 的 MultiGen 自动文摘生成系统等。

5.2.2　自然语言生成系统

　　一个完整的自然语言生成系统一般由三部分组成[15]：文本规划、句子规划和句法实现。文本规划解决"说什么"，句法实现解决"怎么说"，其中文本规划由内容选择和内容组织组成，内容选择根据交际目的和用户需要从知识库中选择所要生成的内容；内容组织确定如何组织这些内容，生成连贯语句。实现文本规划的方法主要有两种：一是 Mckeown 提出的 Schema 方法，Mckeown 认为组织文章段落的方法是有规律可循的，这些一般规律表现为 Schema；二是修辞结构理论（Rhetorical Structure Theory，RST），它定义了文本间的修辞关系，较之 Schema 方法灵活但比较复杂。句子规划主要解决语句间的合并、成分省略、指代、词汇选择等问题，使句子更为连贯、通顺，架起文本规划和句法规划之间的桥梁。根据句子规划的结果，句法实现利用相应的语法和词典把句子规划的结果转换成词法和语法正确的句子，满足用户交流的需要。

　　自然语言生成系统分为两类：一是根据具体的问题从相应的知识库中提取内容，并组织这些内容生成语法和词法正确的句子，这种系统涉及到生成的整个过程；二是用于机器翻译的一些生成系统，它主要从已经确定的中间表示生成目标语言，只涉及句法实现部分。在这些生成系统中，存在着两种不同的生成技术：基于规则的生成技术和基于统计的生成技术。基于统计的生成技术是20 世纪 90 年代后期才逐渐发展起来的，它主要应用在句法实现部分。

5.2.3　自然语言生成的逻辑结构

　　自然语言生成包括自然语言单句生成和文本生成两部分。单句生成要求计算机能够根据用户需要生成精确的、无冗余的、高质量的自然语言语句，它是整个自然语言生成的基础；文本生成要求计算机能够根据用户提供的信息和具体语言环境生成通顺的、语义连贯的自然语言文本，它是自然语言生成的高级阶段。本节主要介绍网络故障诊断专家系统中自然语言生成的逻辑结构。

　　NLG 是从中间存储结果到目标的一个逐步转换过程，其逻辑结构见图 5.3。

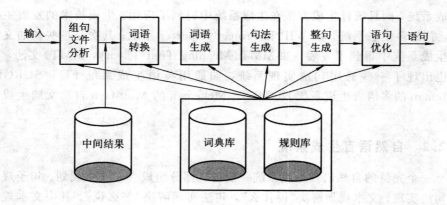

图 5.3　自然语言生成逻辑结构

在一般情况下，自然语言生成系统包含自顶向下的分析过程和自底向上的生成过程两个阶段。分析过程调用组句文件分析规则对组句文件进行分析，形成计算机内中间结构；生成过程在中间结构的基础上分层调用生成规则和词典，逐步生成目标语言语句。在此过程中采用了以句法功能为主、句法关系为辅、概念分析补充的三级生成策略，即首先进行句法功能定位，然后确定句法单位内部以及句法单位之间的句法关系，最后进行语义类别分析。

5.2.4　自然语言生成的视图

在自然语言生成理论中，RAGS(Reference Architecture for Generation)是 Lynne Cahill 和Christy Doran 等人提出的自然语言生成参考模型。RAGS虽然比 Reiter 在 1994 年提出的自然语言生成流水线模型更加明确，但是 RAGS 对自然语言生成的策略叙述较少，仅仅是一个半模型。郭忠伟等人提出的自然语言生成多视图体系结构[15]，突出了体系结构的一些功能和特征，是理解自然语言生成系统的有力工具。在多视图体系结构中，将自然语言生成的过程分为功能视图、系统视图和技术视图。

1. 功能视图

自然语言生成就是将用户的输入信息，逐条转换成自然语言语句，然后对语句进行优化、结构调整、消除冗余，最终形成符合用户习惯的自然语言文本。自然语言生成的功能视图[16]如图 5.4 所示。

在图 5.4 中，宏观规划阶段和微观规划阶段统称为文本规划阶段，它确定文本生成的内容。宏观规划根据用户的输入信息，告知系统哪些信息是主要的，哪些信息是次要的，哪些信息是可以忽略的，同时还要决定文本的段落结构。微观规划的主要工作是将宏观规划的结果用适当的语言组成结构，它主要

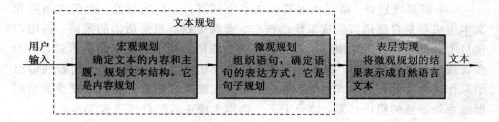

图 5.4　自然语言生成的功能视图

完成的任务包括：将宏观规划的对象映射到语言资源上；将宏观规划对象组成段落和语句；确定语句的辖域；进行语句优化处理。功能视图中的另一个主要阶段为表层实现阶段，它根据前一阶段输出的中间结果，通过选词、词的形态变换和词语的搭配等生成表层语言形式。这一阶段主要完成"如何说"的问题。

2. 系统视图

按照系统的观点，自然语言生成的系统视图如图 5.5 所示，主要由用户接口、宏观规划器、微观规划器、文本生成器和知识库组成。

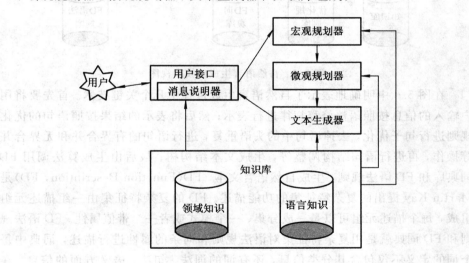

图 5.5　自然语言生成的系统视图

（1）用户接口：将用户输入的消息送给宏观规划器，也可将生成的自然语言呈现给用户。用户接口提供 NLG 的原始信息，是 NLG 中最重要的部分。

（2）知识库：知识库由语言学知识和领域知识两部分组成。语言学的知识是指有关自然语言中的词典、语法等知识，领域知识是指自然语言生成的背景知识。系统中的知识库是指导自然语言生成的基础。

（3）宏观规划器、微观规划器和文本生成器：宏观规划器、微观规划器和文本生成器是自然语言生成系统的核心。宏观规划器根据话语的策略，将用户接口中消息说明器的输出结果规划为符合自然语言规范的文本结构形式，作为微观规划器的规划依据；微观规划器主要根据语法规则，对宏观规划器的输出结果作进一步的句法形式规划，确定语句的正确表达形式；文本生成器主要根据微观规划器的输出结果，结合上下文语境生成正式的自然语言文本。

3. 技术视图

自然语言生成从技术上说就是研究如何在计算机中表示文本信息，以及将文本信息在计算机中表示成符合用户要求的高质量自然语言文本的有关知识。自然语言生成的技术视图如图 5.6 所示。

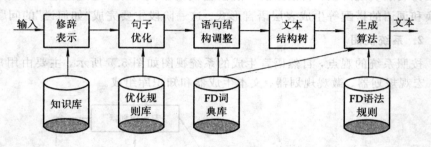

图 5.6　自然语言生成的技术视图

在图 5.6 中明确地表示了自然语言生成过程中几个关键技术。首先要将用户输入的信息按照语法修辞规律进行表示；然后将表示的结果按照语句的优化规则进行句子优化，去掉语句中的头语重复，进行语句的有界合并和无界合并等操作，再进行语句结构调整等，生成文本结构树；最后由生成算法调用 FD 词典库和 FD 语法规则，生成自然语言文本。FD(Function Description，FD)是 Martin Kay 提出的复杂特征集的功能描述。FD 的复杂特征集由一组描述元组组成，每个描述元组可以是一成分集、一个模式或者一个带值属性。FD 语法规则和 FD 词典就是用复杂特征集对语法规则和词条的属性进行描述，词典中每个词的定义不仅包含其分类信息，还有词的词法、句法、语义方面的信息。在合适的生成算法下，文本结构树利用 FD 语法规则和 FD 词典，就可将文本结构树转换成正确的线性语句。

5.2.5　基于概念图的自然语言生成系统

基于概念图的自然语言生成过程将概念图转换成容易理解的自然语言语句[17]，它的重点是功能，它的输入目标是每个概念图（正则图）。从这些概念图上获取所需信息，并用它们来驱动系统的运行，即生成过程是一个由功能到结构的过程。生成过程的一个重要目标是使生成的内容满足用户的需要，确定哪些内容是必须生成的，哪些内容是多余的。在 5.4 节中，作者将比较详细地介绍基于概念图的汉语生成系统。

5.3　自然语言生成的语句优化处理

自然语言生成系统生成的语言往往含有很大的冗余性，必须在自然语言输出之前，对输出文本中的语句进行适当的缩合、合并、省略和指代等[6]，使输出文本具有良好的可读性。在网络故障诊断专家系统的自然语言生成中，作者主要研究了自然语言的聚合、省略（省略与前一语句中相同的时间、地点、人物状态和主谓语等语法成分）和指代问题。

定义 5.2　设 A，B，C 为语句的语法成分，在语句优化中使用以下函数：

（1）SENT(A_1，A_2，$\cdots$，A_n)：由 A_1，A_2 直到 A_n 组成的语句。

（2）ABSTRACT(A，B)：判断语法成分 A 是否为 B 的抽象概念。若 A 比 B 更抽象，则返回真值 T，否则返回真值 F。

（3）EQUAL(A，B)：判定语法成分 A，B 是否相等。若 $A=B$，则返回真值 T，否则返回真值 F。

（4）NOTEQUAL(A，B)：判断语法成分 A，B 是否不相等。若 $A\neq B$，则返回真值 T，否则返回真值 F。

（5）EQUALEXCEPT(A，B)：判断除 A，B 之外，其余语法成分是否相等。若相等，则返回真值 T，否则返回真值 F。

（6）MERGE(A，B，C)：将语法成分 A 与 B 合并后赋值给语法成分 C。

（7）MODIFY(A，B)：用语法成分 A 修饰语法成分 B。

（8）REPLACE(A，B，SENT(A，C))：在语句中用语法成分 A 代替语法成分 B。

（9）ADDITION(A，B)：将 A 增加在 B 之前。

（10）FUNCTION(A)：返回语句中 A 的句法成分。

（11）DELETION(A)：删除语法成分 A。

定义 5.3　聚合（Aggregation）是将多个语言结构映射到另一个更加紧密合理且保持原来信息不变的结构的过程。

可以看出，聚合是将一组相关语句中表达的信息在词汇、概念、语义和句法方面进行有机合并，生成一个语句的优化过程。聚合是自然语言生成中重要的一步，它可进一步分为词汇优化聚合、句法优化聚合、语义优化聚合、话语优化聚合和概念优化聚合。

1. 词汇优化聚合

将一些词汇由另外一些具有同样意义的词汇代替的过程称作词汇优化聚合。词汇优化聚合又分为有界优化聚合和无界优化聚合。有界优化聚合，其聚合的词汇项是一个闭集概念，聚合的信息可恢复；无界优化聚合，其聚合的词汇项是一个开集概念，聚合的信息不可恢复。例如，将"一月、二月和三月"聚合为"一季度"，将"星期日、星期一、星期二、星期三、星期四、星期五和星期六"聚合为"一星期"，都是有界优化聚合。而将"小李刚才吃了米饭、土豆丝、红烧排骨、鸡蛋汤"聚合为"小李刚才吃了饭"，则是无界优化聚合。有界优化聚合和无界优化聚合可简单地描述为

(1) 设有概念 A_1，A_2，…，A_n，B 和语义关系 F，若 $A_i \leqslant B$ 且有 $F(A_i)$（$i \in \{1, 2, \cdots, n\}$），则必然有 $F(B)$。

(2) 设有语义关系 F_1，F_2，…，F_n 和概念 A，若有 $F_i(A)$，且 F 是对语义关系 $F_i(i \in \{1, 2, \cdots, n\})$ 的抽象，则必然有 $F(A)$。

其中，(1)描述的是在概念层次上的聚合，(2)描述是在语义关系层次上的聚合。这两种聚合可形式化地表示为

$$(\forall i)(F(A_i) \wedge \text{ABSTRACT}(B, A_i) \rightarrow F(B)) \quad (i \in \{1, 2, \cdots, n\})$$

$$(\forall i)(F_i(A) \wedge \text{ABSTRACT}(F, F_i) \rightarrow F(A)) \quad (i \in \{1, 2, \cdots, n\})$$

例如，在计算机网络中，如果有 5 条语句：

星期一连接网站 A 的时间为 Time $\leqslant 25$ ms

星期二连接网站 A 的时间为 Time $\leqslant 25$ ms

星期三连接网站 A 的时间为 Time $\leqslant 25$ ms

星期四连接网站 A 的时间为 Time $\leqslant 25$ ms

星期五连接网站 A 的时间为 Time $\leqslant 25$ ms

因为从星期一直到星期五都是"一周每天"的子概念，它可聚合为"所有工作日"，这 5 条语句可聚合为

所有工作日连接网站 A 的时间为 Time $\leqslant 25$ ms。

这就是概念的有界聚合。再如，在计算机网络的交换机 A 有以下 3 种现象：

Ping 交换机 A 第 2 个接口出现超时（Timeout）

Ping 交换机 A 的第 6 个接口出现超时

交换机 A 运行 2 天后经常需要重新启动

它们的故障现象都集中在交换机 A 上，这时可以将"第 2 个接口出现超时"，"第 6 个接口出现超时"，"运行 2 天后经常需要重新启动"现象抽象为"硬件故障"，这 3 条语句可聚合为

交换机 A 出现硬件故障。

这种聚合是在语义层次上对语义的无界聚合。

2. 句法的优化聚合

句法优化聚合是一种常见的聚合形式，它将多个具有相同语法现象的语句聚合成一条新语句。在句法优化聚合中，主要是对相邻的语句，按照综合、合并、插入语、领域限制、替代、省略和指代等方法进行聚合。其中，当谓语相同时，通过综合、合并、插入语、领域限制、替代进行优化聚合；当谓语不同时，通过省略和指代等方法进行聚合（见定义 5.4 和 5.5）。

（1）综合：将主语一致的几个语句合并为一个句子，并对其他相同成分进行必要的省略。例如，

小李一号去秦始皇兵马俑。

小李二号去法门寺。

可聚合为"小李一号去秦始皇兵马俑，二号去法门寺。"

（2）合并：将仅有一个语法成分不同的语句合并为一个复合语句。例如，

小李在大学里学习英语知识。

小李在大学里学习数学知识。

小李在大学里学习计算机知识。

可聚合为"小李在大学里学习英语、数学、计算机知识。"

（3）插入语：为了避免聚合中的歧义现象，或者为了对一些语法成分的强调和修饰，在聚合语句中引入插入语。例如，

小李昨天去了大雁塔。

小王昨天去了大雁塔。

可聚合为"小李和小王昨天分别去了大雁塔。"这里的"和"和"分别"就是新引入的词语。

（4）领域限制：遵守专业领域中的一些惯用法和习语。例如，

西安明天上午是阴天。

西安明天下午是多云。

可聚合为"西安明天是阴天转多云。"这里的"阴天转多云"便是习惯用法。

（5）替代：在上下文中出现的两个句子，仅有一个语法成分不同，其他都相同，可将不相同部分适当代替，组成新语句。例如，

小李昨天去了大唐西市。

小王昨天去了大唐西市。

可聚合为"他们昨天去了大唐西市。"

3．语义的优化聚合

语义的优化聚合是依据使用中的语言，把多个语义项聚合为一个语义项。

4．话语的优化聚合

话语的优化聚合是将话语结构映射到一个更优的结构。话语的优化聚合减少了修辞结构的复杂性，但增加了话语表示修辞中命题表示的复杂度。

5．概念的优化聚合

概念的优化聚合是深层次的优化聚合，减少生成文字的数量，但同时又增加了概念角色的复杂性。

定义 5.4 在两条语句中，若后一条语句与前一条语句有相同的语法成分，则在后一语句中可省略该相同的语法成分，这个过程称为省略。省略可表示为

$$\text{SENT}(A, B) \wedge \text{SENT}(C, D) \wedge \text{EQUAL}(A, C)$$
$$\rightarrow \text{MERGE}(B, D, E) \wedge \text{SENT}(A, E)$$

例如，在生成的自然语言语句（汉语）中有语句

交换机 A 是汇聚层交换机。交换机 A 经常重新启动。

在这两条语句中主语部分"交换机 A"属于重复语法成分，可在第 2 条语句中省略"交换机 A"，经过优化处理的语句为

交换机 A 是汇聚层交换机，经常重新启动。

在生活用语中，为了使生成的自然语言语句更加自然，可以在省略了重复的语法成分后加入适当的词汇。例如，对省略时间状语的情况，可在后一语句中加入"同时"，"正好"等；地点状语重复可在后一语句中省略重复地点，同时加入"那里"，"那儿"等；主语重复时可在后一语句中用"他"或"它"等代替主语。比如有两条语句：

我 19 点去吃饭。19 点天上漂着鹅毛大雪。

省略后为

我 19 点去吃饭，天上正好漂着鹅毛大雪。

定义 5.5 在两条语句中，后一语句中的语法成分在前一语句中已经出现，可将后一语句中该相同的部分用适当的词语代替，这个过程称为词语指代。代替可表示为

$$\text{SENT}(A, B) \wedge \text{SENT}(A, C) \wedge \text{FUNCTION}(A, \text{SENT}(A, C)) = D \rightarrow$$
$$\text{SENT}(A, B) \wedge \text{REPLACE}(A, D, \text{SENT}(A, C))$$

定义 5.5 中所说的代替就是自然语言生成中的指代问题。在实际应用中，指代问题比较复杂，它要根据句法分析理论分析出相同部分在语句中的句法功能后，再用适当的词汇进行替代。例如，在自然语言生成中有两条语句：

WWW 服务器在早上 8：00 重新启动。

WWW 服务器在早上 10：05 出现振荡波。

这两条语句中"WWW 服务器"部分相同，它在第二条语句中做主语，再经过上下文分析，知道主语所指同一物体，这时在第二条语句中就可用"它"代替"WWW 服务器"，生成更自然的语句：

WWW 服务器在早上 8：00 重新启动，它早上 10：05 出现振荡波。

在基于知识的系统中，可将语句的优化过程表示成一些规则。

5.4　自然语言生成的语法规则集

在网络故障诊断专家系统的自然语言生成中，首先要定义自然语言的语法规则集合。语法规则集分成句法规则集和词法规则集两个集合。句法规则集给出句子的构成规则，是将词组合并成句子的规约规则；词法规则集给出词的合并规则，指出不同词类的结合顺序，是词类合并的规约规则。按照语法学，汉语句型可以分为单句和复句两大类，单句又分为主谓句和非主谓句。汉语句子大多由主语和谓语两部分组成，这里我们仅讨论主谓句。

主谓句主要有四种句型：

（1）名词主谓句，如"明天五一节。"

（2）动词主谓句，如"你来了。"

（3）形容词主谓句，如"你真漂亮！"

（4）主谓谓语句，如 "他体育真棒！"

其中，动词主谓句最复杂，它比较常用的几种句式有："把"字语句、"被"字语句、连谓语句、兼语语句、双宾语句和存现语句。

此外，汉语句子还分为陈述句、疑问句、祈使句、感叹句等四种句型。在网络故障诊断专家系统中，感叹句很少出现，常见的句型有对事物的属性或形态描述的陈述句、对系统中事件或事物进行查询的疑问句、对某主体发出命令的祈使句。有关句型的详细讨论见第 6 章，本节仅列出常用的陈述句句法：

S→NP VP

NP→N1

NP→AP（书包里有一本书）

NP→N VP

NP→V NP

VP→V1

VP→N1（他十岁）

VP→ADJ

VP→AP V1（他往学校走）

VP→V1 AP（他站在门口）

VP→V1 V NP（他看见来了三个人）

VP→V1 N VP（他看见我们回去了）

VP→N VP

VP→V NP

VP→V NP V NP（他站在门口等了二十分钟）

VP→V1 N1 N1（他鼓励我好好学习）

AP→PRE N

其中，N、N1、V、V1 为非终端符号。由于篇幅的限制，没有进一步定义。S 为开始符号，因此句法的起始规则为 S→NP VP。NP 可以由名词性词组（N1）或介词性词组（AP）构成。例如在句子"书包里有一本书"中，"书包里"为 AP，"有一本书"为 VP1 充当的 NP。

VP 也可以由 VP1 或 NP1，或 AP 与 VP1 的结合，或 VP1 与 VP1 的结合构成。由此可见，谓语部分的构成更为复杂，特别是汉语有连动式、双语式等特殊句法结构。例如在"他 10 岁"中，"他"为 NP1，NP1"10 岁"充当 VP，而语句

他	站在门口	等了二十分钟。
NP1	VP1	VP2
	VP	

中的 VP 部分是由 VP1 和 VP2 构成。

在生成句子时，兼宾语句和双宾语句是有区别的。例如，"他鼓励我好好学习"是兼宾语句，"我"既是"鼓励"的宾语，也是"学习"的主语；而"他给我一本书"是双宾语句，"我"是"他"的近宾语，"书"是"他"的远宾语。可见，在利用概念图生成句子时，这两种情况必须区别对待。

5.5　基于概念图的自然语言生成

自然语言生成的研究起步较晚，有些理论还处于不断研究之中，特别是汉语语言生成系统还需要深入研究。在有关文献中介绍了一些自然语言生成方法，如基于语法规则集的生成技术、基于句法分析的生成技术、基于结构分析的语句生成技术等[18-22]。

本节主要根据网络故障诊断专家系统的要求，研究基于概念图知识表示的

自然语言生成问题。在图 5.1 中，网络故障诊断专家系统的输出是一个有意义的概念图，即答案图（AG）。专家系统自然语言接口的主要任务就是根据答案图生成汉语句子。自然语言接口中的自然语言理解问题可参考相关文献[21, 23]。

在基于概念图的自然语言生成中，概念图是经过匹配推理的符合语义的概念图，是计算机中的一种中间存储结构。自然语言生成的基本任务是将概念图转换成自然语言语句。

5.5.1 基本概念

网络故障诊断专家系统中的自然语言生成是根据专家系统的推理结果，或专家系统对用户的推理正确性和可靠性解释的概念图，生成汉语自然语言语句。根据概念图可以生成自然语言语句，但是，所生成的自然语言语句的正确性和语句的意义取决于概念图。有些概念图是没有意义的，例如

$$[\text{Sleep}]\leftarrow(\text{Agnt})\leftarrow[\text{Idea}]\rightarrow(\text{Color})\rightarrow[\text{Green}]$$

就是一个没有任何意义的概念图。在该概念图中，Sleep、Idea 和 Green 是 3 个互不相关的概念，它们之间不存在 Agnt 和 Color 关系，因此该概念图没有任何意义，是一个不符合语义的概念图。

在本书的第 2 章中，将一个有意义的概念图定义为正则图[24]。所谓正则图，就是能够表达一个明确意义的概念图。按照这种定义，在网络故障诊断专家系统中的答案图，是经过正则图的产生规则、专家系统中的图式库（事先由知识工程师定义的正则图）进行匹配推理生成的概念图，是一个标准的正则图。从答案图生成自然语言语句就是根据正则图生成自然语言语句。

定义 5.6 设 U 是一个正则图，从 U 产生的自然语言记为 $L(U)$。

定理 5.1 在正则图和自然语言之间存在一对多的映射。

证明：首先，任何自然语言句子都可以通过句法分析生成词汇表、语法和语义关系。这个分析包括词法分析、句法分析和语义分析。我们将分析得到的词汇表、句法和语义属性作为定义 2.4 中概念图的 CS，P，δ 和 RS。正则图可以通过得到的 CS，P，δ 和 RS 构造。相反，在一幅概念图中使用深度优先算法遍历可以得到概念图对应的语法短语。依照不同自然语言的使用习惯，对这些短语进行组合，就得到不同形式的自然语言。■

定理 5.1 指出，对于一个已知的正则图，一定能够找到一条自然语言语句。因为在访问正则图时，正则图的各个分支的表达顺序不同，会导致生成不同表示形式的自然语言语句。虽然这些语句的表示形式不同，但是它们都表示了同样一个意思，这一点在自然语言翻译中非常重要。

5.5.2 APSG 句法生成规则

依照定理 5.1，任何正则图都可生成自然语言语句。一般情况下，APSG 规则可用来生成自然语言句子。APSG 规则是对 PSG（短语结构文法）规则的扩展，称为扩展短语结构文法[25]，它的一般表示形式是

S（应用这条规则的条件）→

    NP（移动当前节点到主语，并获取当前节点的人称和数）

    VP（移动当前节点到主要动词，从 NP 复制人称和数，从 S 复制语态）

在 APSG 的规则中，一个自然语言句子由主语部分和谓语部分组成，分别表示为 NP 和 VP。在规则的左部，圆括号中的内容是应用这一条规则的条件，右部为应用这一条件后应采取的动作。在条件部分常用的形式是

        属性 1   是（不是）   属性 2

它表示"属性 1 是属性 2"或"属性 1 不是属性 2"。如果条件为真，则这条 APSG 规则被触发。在 APSG 规则中常用的参数详见表 5.1。

表 5.1   APSG 规则中常用的参数

参数	功能
□	当前的概念节点
○	当前的关系节点
type( )	取当前节点的类型
reference( )	取概念的所指域
number	人称的数
tense	动词的时态
voice	动词的语态

在表 5.1 中，type( )是一个函数，其参数为节点，返回该节点的概念类型或关系类型；reference( )也是一个函数，其参数为概念节点，返回值为概念节点的所指域。另外，在 APSG 规则中还有 3 类操作，分别是

（1）赋值操作：生成一个新的属性，并且为这个属性赋值。例如

$$Type：= type(□)$$

表示取当前概念节点的概念类型，并将该概念类型赋值给变量 Type。

（2）移动操作：它引起当前符号向前移动到下一节点。例如

$$\text{Move 关系节点} \rightarrow \square$$
$$\text{Move 关系节点} \leftarrow \square$$

分别表示从当前概念节点转移到有向弧尾所指的节点和有向弧首所指的节点。

（3）标记操作：它给关系节点或概念节点设置遍历标记，保证概念图中的每个节点只遍历一次，避免出现句法成分的重复现象。例如

$$\text{Mark（ATTR 已经遍历）}$$
$$\text{Mark } \square \text{ 已经遍历}$$

对于任何已知的正则图，都有对应的 ASPG 规则。例如，下面是一个有关计算机网络故障诊断的汉语正则图：

$$[发出] - (\text{Agnt}) \rightarrow [服务器] \rightarrow (\text{Loc}) \rightarrow [本域内]$$
$$(\text{Obj}) \rightarrow [警告] \rightarrow (\text{Class}) \rightarrow [超时].$$

这个正则图可以使用规则

S(type($\bigcirc$) is Agnt)$\rightarrow$

　　NP1(Move Agnt$\rightarrow\square$; Mark Agnt$\rightarrow\square$ traversed)

　　VP(Move Agnt$\leftarrow\square$; Voice $:=$ Active)

NP1($\square\leftarrow$Agnt is not traversed)$\rightarrow$

　　MOD(Move $\square\leftarrow$Class)

　　NOUN(Type $:=$ type($\square$))

VP(Voice is Active)$\rightarrow$

　　VERB(Type $:=$ type($\square$))

　　NP2(Move Obj$\rightarrow\square$)

NP2($\square\leftarrow$Obj is not traversed)$\rightarrow$

　　MOD(Move $\square\leftarrow$CLASS)

　　NOUN(Type $:=$ type($\square$))

MOD($\square\leftarrow$Class is not traversed)$\rightarrow$

　　MODIFER(Type $:=$ type($\square$))

NOUN(Type$=$服务器)$\rightarrow$"服务器"

NOUN(Type$=$警告)$\rightarrow$"警告"

VERB(Type$=$发出)$\rightarrow$"发出"

MODIFER(Type$=$超时)$\rightarrow$"超时的"

MODIFER(Type$=$本域内)$\rightarrow$"本域内的"

利用以上规则，系统就可根据正则图生成汉语语句（生成过程见图 5.7）：本域内的服务器发出超时的警告。

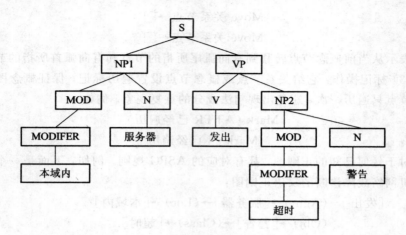

图 5.7 句子的生成树

5.5.3 概念图中常见的关系

汉语句子生成是一个复杂的过程，它与概念图的表示方法、关系和概念的处理有关。下面将对这些部分内容进行详细讨论。

汉语句子生成和具体概念图的存储形式有关。在生成汉语句子的算法中，将概念图表示为元组形式。元组 Graphs（No，Rlist）、Relations（No，Rname，Clist_out，Clist_in）和元组 Concepts（No，Cname，Creference）分别表示概念图、关系节点和概念节点。概念图表示方法的详细说明详见第 2 章中的有关内容。

根据概念图的表示方法，生成汉语语句的算法可通过对概念图和关系元组的扫描生成汉语语句。容易看出，该算法的时间复杂度与概念图中概念节点数和关系节点数成线性关系。在算法中，概念节点和关系节点之间有许多不同的组合。下面是算法中常用的组合形式：

- ［C1］→（Agnt）→［C2］

该概念图表示 C2 是 C1 的动作发出者，它生成的句子是"C2C1"。例如，概念图"［吃］→（Agnt）→［猫］"可生成短语"猫吃"。

- ［C1］→（Obj）→［C2］

该概念图表示 C2 是 C1 的作用对象，它生成的句子是"C1C2"。例如，概念图"［吃］→（Obj）→［老鼠］"可生成短语"吃老鼠"。

- ［C1］→（Loc）→［C2］

该概念图表示 C2 是 C1 的一个位置，它生成的句子是"在 C2 的 C1"。例如，概念图"［计算机］→（Loc）→［本网内］"可生成短语"在本网内的计算机"。

- [C1]→(Time)→[C2]

该概念图表示 C2 是 C1 发生的时间，它生成的短语是"在 C2C1"。例如，概念图"[吃]→(时间)→[上午]"可生成短语"在上午吃"。

- [C1]→(Spend)→[C2]

该概念图表示 C2 是 C1 的花费，它生成的短语是"用 reference（C2）type（C2）C1"。例如，概念图"[买]→(Spend)→[钱：♯10]"可以生成短语"用 10 元钱买"。

- [C1]→(Ride)→[C2]

该概念图表示 C2 是一个实现动作 C1 的交通工具，它生成的短语是"乘 C2C1"。例如，在概念图"[去]→(Ride)→[火车]"就是属于这一类型的概念图。这个概念图可以被转换为"乘火车去"。

- [C1]→(Tool)→[C2]

该概念图表示 C2 是完成 C1 的工具，它可生成的短语是"用 C2C1"。例如，概念图"[更换]→(Tool)→[SYS 命令]"就是属于这一类型的概念图，它可生成短语"用 SYS 命令更换"。

- [C1]→(Attr)→[C2]

该概念图表示 C2 是 C1 的属性，它可生成的短语是"C2 的 C1"。例如，概念图"[信息]→(Attr)→[出错]"可转换为短语"出错的信息"。

- [C1]→(Sub)→[C2]

该概念图表示 C2 是 C1 的一个子类，它可生成的短语是"C2 的 C1"。例如，概念图"[水]→(Sub)→[无盐]"，这个概念图可转换为"无盐的水"。

- [C1]→(Trope)→[C2]

该概念图表示 C2 是对 C1 的比喻，它可生成的短语是"像 C2 一样 C1"。例如，子概念图"[花费]→(Trope)→[流水]"可转换为"像流水一样花费"。

- [C1]→(Low)→[C2]

该概念图表示 C1 比 C2 低，是一种比较关系。它可生成的短语是"C1 比 C2 低"。例如，概念图"[系统版本]→(Low)→[5.0]"，这个概念图可转换为"系统版本比 5.0 低"。

- [C1]→(Manr)→[C2]

该概念图表示用方法 C2 完成 C1，他可生成的短语是"用 C2 方式完成 C1"。例如，子概念图"[启动]→(Manr)→[冷启动]"可转换为"用冷启动方式完成启动"。

以上是我们常见的一些子概念图。对于不同的应用系统，使用的子概念图不完全相同。在实际应用中，可对系统中的概念图及其常用关系进行适当定义。基于概念图的自然语言生成系统的核心问题就是对概念图进行转换处理，将用图形表示的概念间的关系，转换成句子成分之间的线性表示形式。通过对概念图的处理，我们可以得到由概念图中的概念组成的句子模型。在语句的模型中，语句成分之间的先后关系表示了概念图中的关系节点；概念图中的概念节点用概念图存储结构中相应概念的序号表示，然后将句子模型中的概念序号逐步用概念图中的概念代替，其结果是一个符合汉语习惯的汉语句子。

5.6　基于概念图的汉语语句生成算法

上一小节给出了从概念图生成语句的一般性描述。由概念图生成汉语语句，不但和汉语的句法有关，还与概念图在计算机中的存储形式密切相关。为了便于汉语语句生成，本书中的概念图采用元组的存储形式。一个完整的概念图可通过元组 Concept，Relation 和 Graphs 定义，这 3 个元组的存储形式为

Concept(CNo，Cname，ReferenceList)

Relation(RNo，Rname，CoutNodeList，CinNodeList)

Graphs(GNo，Clist，Rlist)

其中，3 元组 Concept 表示概念节点，CNo 为概念节点的编号，Cname 为概念类型标记，ReferenceList 为概念的所指列表；4 元组 Relation 表示关系节点，RNo 为关系编号，Rname 为关系名称，CoutNodeList 为关系的出概念节点表，CinNodeList 为关系的入概念节点表；3 元组 Graphs 表示概念图，GNo 为概念图的编号，Clist 为概念节点列表，Rlist 为关系节点表。例如，对于 5.5.2 节网络故障诊断知识中的概念图可存储为

Concept(1，"发出"，[])

Concept(2，"服务器"，[])

Concept(3，"本域内"，[])

Concept(4，"警告"，[])

Concept(5，"超时"，[])

Relation(1，"Agnt"，[2]，[1])

Relation(2，"Obj"，[4]，[1])

Relation(3，"Loc"，[3]，[2])

Relation(4，"Class"，[5]，[4])

Graphs(1，[1，2，3，4，5]，[1，2，3，4])

在概念图中，所有的关系都是一个二元关系，每一个关系对应于自然语言语句中的一个语法成分。因此，只要对 Graphs 中的关系节点列表进行遍历，依

次生成对应的语句成分，就可得到与概念图对应的汉语语句。概念图生成自然语言（Generating Sentence from Conceptual Graphs，GSCG）的算法可由查找概念图中的关键动词、生成概念图中的语句成分模式、代换语句中的概念和概念所指域、输出自然语言语句几部分组成。算法 GSCG 可描述如下：

算法 5.1　GSCG 算法

Input：CG　　　　　//概念图

Output：Sent　　　　//汉语语句

Begin

　　　　RS＝Rlist；

　　　　CS＝Clist；CS_1＝CS；Sent＝Φ；

　　　　//查找概念图中的关键动词

　　　　While RS$\neq\Phi$

　　　　{

　　　　　　　R_0＝Firstelement(RS)；RS＝RS－R_0；

　　　　　　　For all Relations in the Conceptual Graphs

　　　　　　　Relation(R_0, Rname, X, Y)；　　//找出与 R_0 相匹配的关系节点

　　　　　　　If Rname＝"AGNT" Then

　　　　　　　{

　　　　　　　　　S＝"C_X, C_Y"；

　　　　　　　　　C＝{X, Y}；

　　　　　　　　　RS_1＝RS；

　　　　　　　　　RS＝Φ；

　　　　　　　}

　　　　}

　　　　S_0＝S；

　　　　//依次生成概念图中的语句成分模式

　　　　If $S_0\neq\Phi$ Then

　　　　{　　RS＝RS_1；

　　　　　　　S_0＝Φ；

　　　　　　　While RS$\neq\Phi$

　　　　　　　{R_0＝Firstelement(RS)；

　　　　　　　For all Relations in the Conceptual Graphs

　　　　　　　Relation(R_0, Rname, X_1, Y_1)；//找出与 R_0 相匹配的关系节点

　　　　　　　C_1＝{X_1, Y_1}；

```
If C_1 ∩ C = Φ Then RS = RS - R_0 ;
Else
{ Case
    {
        Rname = "Obj"：S_0 = "C_{Y_1}，C_{X_1}"；
        Rname = "Loc"：S_0 = "在，C_{Y_1}，的，C_{X_1}"；
        Rname = "Attr"：S_0 = "C_{X_1}，的，C_{Y_1}"；
        Rname = "Time"：S_0 = " 在，C_{Y_1}，C_{X_1}"；
        Rname = "Spend"：S_0 = "用，C_{X_1}，C_{Y_1}"；
        Rname = "Ride"：S_0 = "乘，C_{X_1}，C_{Y_1}"；
        Rname = "Use"：S_0 = "用，C_{X_1}，C_{Y_1}"；
            ⋮              ⋮
    }
    S = Connect_Sentence(S，S_0)；   //将句子模式 S 与 S_0 连接
    C = C_1 ∪ C；RS_1 = RS - R_0；RS_1 = RS；
}
}
//代换语句模式中的概念和概念所指域
While S ≠ Φ
{   N = First(S)；
    If N ∉ I^+ Then Sent = Sent + N；
    Else
    While CS ≠ Φ
    {   C_0 = Firstelement(CS)；
        For all Concepts in the Conceptual Graphs
        Concept(C_0，Cname，Reference)；
                        //找出与 C_0 相匹配的概念节点
        If C_0 = N Then
        {
            Sent = Sent + Proc(Reference) + Cname；
            CS = CS_1 - C_0；
            CS_1 = CS；
            Goto Next_Concept；
        }
```

$$CS=CS-C_0;$$

　　　　}

　　　　Next_Concept：S=Lastall(S)；

　　}

//输出汉语自然语句

Optimize(Sent)；

Print(Sent)；

End

　　在算法中，CG 为输入给算法的概念图，由概念图中的概念节点编号列表和关系节点编号列表组成；CS 为概念图中所有概念节点编号组成的列表，RS 为概念图中所有关系节点编号组成的列表；S 为由概念图 CG 生成的语句模式，它由概念节点编号和关系反映出的修饰词组成，各概念编号在语句模式中的次序决定于 RS；Sent 为算法的输出，是一个符合汉语标准的汉语语句。在算法中，CASE 语句完成将概念图的分支转换成语句的子模式，是对概念图中关系的转换。当关系个数比较多时，可建立一个关系库，通过对关系库的搜索完成。在算法中还用到了几个重要过程，其中 Firstelement() 为取表中第一个元素；First() 取序列表中第一个元素；Lastall() 取序列中除第一个元素之外的剩余元素；Connect_Sentence() 将两个语句模式进行合并；Optimize() 对得到的汉语语句进行优化处理；Print() 输出汉语语句。

　　在算法中，表和序列是两个不同的概念：表是指一个用方括号括起来并且用逗号分隔的字符序列，而序列是用引号引起来的一串符号，表和序列分别用不同的方法处理。在处理过程中，Proc() 是一个重要的过程，它主要完成对概念的所指域进行处理。概念所指域的处理中应遵循以下原则：

　　(1) 当 reference$(c)=$ "*" 时，表示概念是一个泛指概念，在算法的语句中仅取概念的名称。如[CAT：*]表示任意一只猫，可将该概念节点表示为 CAT。

　　(2) 当所指域为一字符串时，表示一个特指概念。如[Student：John]表示 John 是一个学生，可翻译为学生 John。

　　(3) 当所指域为一集合时，表示一个特指概念的一些实例。如[Student：{John，Bill}]表示 John 和 Bill 都是学生，可翻译为学生 John 和 Bill。

　　(4) 当所指域是以 "#" 开始的数字，用来描述概念的数目。如[Money：#10]表示 10 元钱。

　　另外，函数 Connect_Sentence() 负责将两个语句模式进行合并。在 GSCG 算法中生成的语句成分模式是一个包含汉字和概念图序号的序列。为了明确将

概念进行区分，规定第 i 概念在语句模式中表示为 $C_i (i \in I^+)$。函数 Connect_
Sentence 在执行过程中，将忽略语句成分模式中的汉字修饰，将语句模式抽象
为由概念序号组成的序列。如将"在，C_1，的，C_2"抽象为"C_1，C_2"。

语句生成中另一个重要概念就是语句合并。语句合并的实质为语句成分的
模式合并，可形式化地定义如下。

定义 5.7 设有语句成分模式

$$S = A_1 A_2 \cdots A_{i-1} A_i A_{i+1} \cdots A_n, \quad A_i (i \in \{1, 2, 3, \cdots, n\})$$ 为概念图的序号

$$S_1 = A_i B_1 B_2 \cdots B_m, \quad B_j (j \in \{1, 2, \cdots, m\})$$ 为概念图的序号

则 S 和 S_1 的合并就是用 S_1 代换 S 中的 A_i，即

$$S = A_1 A_2 \cdots A_{i-1} A_i B_1 B_2 \cdots B_m A_{i+1} \cdots A_n$$

汉语句子生成算法比较简单，它由两部分组成：第一部分是根据专家系统
推出的概念图生成语句模型；第二部分是算法将句子模型翻译成汉语句子。例
如，对于 5.5.2 节中的概念图，汉语语句的生成过程为

（1）在 Graph(1，[1，2，3，4，5]，[1，2，3，4])中，取出概念节点表和关
系节点表，分别存入 RS 和 CS，得 RS = [1，2，3，4]，CS = [1，2，3，4，5]。

（2）从 RS 中取出第 1 个元素存入 R_0，即 R_0 = [1]，RS = [2，3，4]，
SENT = φ。

（3）按照 R_0 找出关系。由于 R_0 = [1]，所以找到关系 1，即

$$\text{Relation}(1, \text{"Agnt"}, [2], [1])$$

生成短语 S_0 = "C_2，C_1"，与 S 合并后得到 S = "C_2，C_1"，其中 C_1 表示概念图中
序号为 1 的概念，C_2 表示序号为 2 的概念，依次类推。

（4）找出与关系 1 相邻的关系。按照节点 1 找到相邻关系

$$\text{Relation}(2, \text{"Obj"}, [4], [1])$$

$R_0 = 2$，S_0 = "C_1，C_4"，RS = [3，4]。将 S_0 与 S 合并后得到 S = "C_2，C_1，
C_4"。

（5）找出与关系 2 相邻的关系。按照节点 2 找出关系

$$\text{Relation}(4, \text{"Class"}, [5], [4])$$

$R_0 = 4$，S_0 = "C_5，的，C_4"，RS = [3]。将 S_0 与 S 合并后得到 S = "C_2，C_1，C_5，
的，C_4"。

（6）再找与关系 4 相邻的关系，得

$$\text{Relation}(3, \text{"Loc"}, [3], [2])$$

$R_0 = 3$，S_0 = "在，C_3，的，C_2"，RS = φ。将 S_0 与 S 合并后得到 S = "在，C_3，的，
C_2，C_1，C_5，的，C_4"。

（7）由于 RS 为空，句子模式生成过程结束，返回结果为 S = "在，C_3，的，

C_2，C_1，C_5，的，C_4"。

最后生成的句子模式为"在，C_3，的，C_2，C_1，C_5，的，C_4"。将句子模式中的 C_i ($i \in I^+$)分别用概念节点中的"发出"、"服务器"、"本域内"、"警告"和"超时"代替后，生成的汉语语句为"本域内的服务器发出超时的警告"。

算法 GSCG 生成汉语语句的过程是对概念图中的关系节点和概念节点的搜索过程，算法的复杂度与概念图中的关系个数和概念个数有关。当概念图中的关系数和概念数分别是 n 和 m 时，算法的复杂度是 $O(n+m)$。

5.7　循环概念图的自然语言生成

在前面介绍的概念图都属于非循环概念图。所谓非循环概念图，就是在概念图中没有出现环形的结构。在实际应用中，由于自然语言表达方式的多样性和自然语言固有的复杂性，用概念图表示自然语言时也会出现带有环形的概念图。在本节中，将带有环形的概念图称为循环概念图。按照图论的观点，概念图是一个弱连通图，在循环概念图中至少有一个弱连通回路。例如，英语语句"A monkey is eating a walnut with a spoon made out of the walnut's shell."[26]（一只猴子用核桃壳做成的勺子吃核桃）对应的概念图就是一个循环概念图（如图 5.8 所示）。

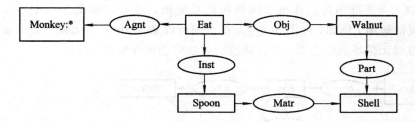

图 5.8　循环概念图

对于循环概念图生成自然语言语句时，首先要选择适当的概念将循环概念图转换成非循环概念图，然后再利用类似于 5.4 节中的生成算法，生成自然语言语句。为了保证处理后的非循环概念图同原始概念图语义一致，可通过在循环概念图中适当地增加虚拟节点来完成。概念图中的虚拟节点用虚线框表示。

在将循环概念图转换成非循环概念图时，理论上可通过给循环概念图的环路中任意概念节点设置虚拟节点来完成。但是，若虚拟节点选择不当，会出现转换后的概念图不完整、破坏原始概念图的连通性、破坏原始概念图的语义、使转换后的概念图更复杂、使以后的自然语言生成的过程复杂化等现象。例如，在图 5.8 中，若将概念图节点 Eat 设置为虚拟节点，将会出现图 5.9 的复杂现象。

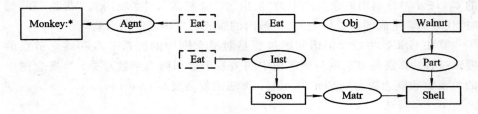

图 5.9　虚拟节点设置不当的转换结果

图 5.9 就是一个语义不完整、图形不连通和表示复杂的非循环概念图。为了使转换后的概念图尽量简单、实用，作者经过对大量概念图的研究，总结出以下 5 条循环概念图的转换准则：

准则 1：保持转换后的非循环概念图同原始概念图有相同的语义，但更简单。

准则 2：保持原始概念图的弱连通性。

准则 3：选择概念图中环路上关联最少的概念节点。

准则 4：选择概念图中非主句部分的概念节点为虚拟节点。

准则 5：选择概念图中与主动词概念节点较远的节点为虚拟节点。

以上 5 条准则是循环概念图转换的总原则，对于实际概念图还要权衡利弊，灵活运用。例如，在图 5.8 中，概念图可以从 Walnut 节点断开，增加虚节点，得到无循环的概念图。经过转换后的新概念图详见图 5.10。

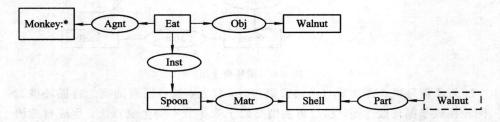

图 5.10　对应于图 5.8 的非循环概念图

图 5.10 中带虚线框的节点是虚拟节点。在对图 5.10 进行存储时，可以用一个与概念节点类似的谓词 Concept_V(CNo, MapNode) 存储，其中 CNo 与一般的真实概念节点相同，MapNode 为真实节点的节点号。在 Prolog 语言中，图 5.10 对应的汉语存储形式为

Concept(1，"猴子"，[*])

Concept(2，"吃"，[])

Concept(3，"核桃"，[])

Concept(4，"壳"，[])

Concept(5，"勺子"，[])

Concept_V(6，3) //虚拟节点

Relation(1，"Agnt"，[1]，[2])

Relation(2，"Obj"，[3]，[2])

Relation(3，"Part"，[4]，[6])

Relation(4，"Matr"，[4]，[5])

Relation(5，"Inst"，[5]，[2])

Graphs(1，[1，2，3，4，5，6]，[1，2，3，4，5])

在上面的存储形式中，谓词 Concept_V(6，3)表示概念节点 6 是一个虚拟节点，它与概念节点 3 是同一概念节点。

在算法 GSCG 的语句模式生成中，可将虚节点与真实节点同等对待。在算法的语句生成部分，要增加处理虚拟节点的内容。另外，为了能够从图 5.10 生成汉语语句，在算法中还要增加处理关系 Inst、Part 和 Matr 的句法片段。我们将这 3 个关系定义为

1. [C1]→(Inst)→[C2]

该概念图表示 C2 是完成 C1 的工具，它生成的句子是"用 C2C1"。例如，概念图"[吃]→(Inst)→[勺子]"可生成短语"用勺子吃"。

2. [C1]→(Part)→[C2]

该概念图表示 C2 是 C1 的一部分，它生成的句子是"C1 的 C2"。例如，概念图"[核桃]→(Part)→[壳]"可生成短语"核桃的壳"。

3. [C1]→(Matr)→[C2]

该概念图表示构成 C1 的材料是 C2，它生成的句子是"C2 做成的 C1"。例如，概念图"[勺子]→(Matr)→[壳]"可生成短语"壳做成的勺子"。

经过对算法 GSCG 的修改，能够处理新循环概念图的算法为 GSCGC (Generating Sentence from Conceptual Graphs with Circle，简称 GSCGC)。新算法 GSCGC 可描述如下：

算法 5.2 GSCGC 算法

Input：CG   //具有虚拟节点的概念图

Output：Sent //汉语语句

Begin

    RS＝Rlist；

```
        CS＝Clist；CS₁＝CS；Sent＝Φ；
//查找概念图中的关键动词
While RS≠Φ
{
        R₀＝Firstelement(RS)；        RS＝RS－R₀；
        For all Relations in the Conceptual Graphs
        Relation(R₀，Rname，X，Y)；    //找出与 R₀ 相匹配的关系节点
        If Rname＝"AGNT" Then
        {
                S＝"Cₓ，Cᵧ"；
                C＝{X，Y}；
                RS₁＝RS；
                RS＝Φ；
        }
}
S₀＝S；
//依次生成概念图中的语句成分模式
If S₀≠Φ Then
{    RS＝RS₁；
     S₀＝Φ；
     While RS≠Φ
     { R₀＝Firstelement(RS)；
       For all Relations in the Conceptual Graphs
       Relation(R₀，Rname，X₁，Y₁)；    //找出与 R₀ 相匹配的关系节点
       C₁＝{X₁，Y₁}；
       If C₁∩C＝Φ Then RS＝RS－R₀；
       Else
       { Case
         {
                Rname＝"Obj"：S₀＝"Cᵧ₁，Cₓ₁"；
                Rname＝"Loc"：S₀＝"在，Cᵧ₁，的，Cₓ₁"；
                Rname＝"Attr"：S₀＝"Cₓ₁，的，Cᵧ₁"；
                Rname＝"Time"：S₀＝"在，Cᵧ₁，Cₓ₁"；
                Rname＝"Spend"：S₀＝"用，Cₓ₁，Cᵧ₁"；
```

$$\text{Rname}=\text{``Ride''}: S_0=\text{``乘，} C_{X_1}，C_{Y_1}\text{''};$$

$$\text{Rname}=\text{``Use''}: S_0=\text{``用，} C_{X_1}，C_{Y_1}\text{''};$$

$$\text{Rname}=\text{``Inst''}: S_0=\text{``用，} C_{Y_1}，C_{X_1}\text{''};$$

$$\text{Rname}=\text{``Part''}: S_0=\text{`` } C_{Y_1}，的，C_{X_1}\text{''};$$

$$\text{Rname}=\text{``Matr''}: S_0=\text{`` } C_{Y_1}，做成的，C_{X_1}\text{''};$$

$$\vdots \qquad\qquad \vdots$$

S＝Connect_Sentence(S，S_0)；//将句子模式 S 与 S_0 连接

C＝$C_1 \cup$C；RS_1＝RS－R_0；RS_1＝RS；

}

}

//代换语句模式中的概念和概念所指域

While S≠Φ

{ N＝First(S)；

If N∉I^+ Then Sent＝Sent＋N；

Else

While CS≠Φ

{ C_0＝Firstelement(CS)；

For all Concepts in the Conceptual Graphs

Concept_V(C_0，X)；　　//找出与 C_0 相匹配的虚拟概念节点

If C_0＝N Then

{

Concept(X，Cname，Reference)；

Sent＝Sent＋Proc(Reference)＋Cname；

CS＝CS_1－C_0；CS_1＝CS；

Goto Next_Concept；

}

For all Concepts in the Conceptual Graphs

Concept(C_0，Cname，Reference)；//找出与 C_0 相匹配的概念节点

If C_0＝N Then

{

Sent＝Sent＋Proc(Reference)＋Cname；

CS＝CS_1－C_0；CS_1＝CS；

Goto Next_Concept；

```
        }
      CS=CS-C₀;
    }
  Next_Concept：S=Last(S)；
}
//输出汉语自然语句
Optimize(Sent)；
Print(Sent)；
End
```

在算法 GSCGC 中，主要在"代换语句模式中的概念和概念所指域"部分增加了对**虚拟概念节点的处理**。在对一个概念节点进行处理时，首先审查该概念节点是否为虚拟概念节点。如果为虚拟概念节点，则通过 Concept_V()谓词找到相应的真实概念节点，然后再对该真实概念节点进行处理。若要处理的概念节点为真实概念节点，则用与一般概念图相同的处理方式对该概念节点进行处理。对于非循环概念图 5.10，利用算法 GSCGC，首先生成汉语语句模式"一只 C_1 用 C_6 的 C_4 做成的 $C_5C_2C_3$"，语句模式中的概念 C_6 是一个对应于概念节点 C_3 的虚拟概念，在对语句模式处理时，必须将虚拟概念 C_6 用 C_3 对应的概念进行代换。经过概念节点的代换处理后，得到汉语语句"一只猴子用核桃壳做成的勺子吃核桃"。

5.8 嵌套概念图的自然语言生成

嵌套概念图是一种特殊的概念图，它的概念图节点也是一个完整的概念图。例如，在 2.3.1 节中关于概念图定义的例子就是一个嵌套概念图（详见图 5.11）。

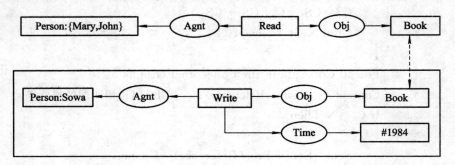

图 5.11 嵌套概念图实例

图 5.11 表示的是"Mary and John read a book that it writed by Sowa in 1984"。一般情况下，自然语言中的直接引语、间接引语、从句等都可按照嵌套概念图的形式表示。图 5.11 中 Book 之间的连线，表示主概念图中的 Book 与子概念图中的 Book 属于同一概念。对于嵌套概念图，在计算机内部的存储形式中必须反映所嵌套概念图的信息。在本章中用谓词

Concept_SubGraph(CNo，Cname，ReferenceList，SubGraphNo)

保存嵌套概念图的信息，其中参数 CNo、Cname、ReferenceList 与谓词 Concept() 中的意义相同，SubGraphNo 为子概念图的图顺序编号，表示该图编号指出的概念图为原概念图的子图。与图 5.11 中概念图对应的汉语存储形式为

Concept(1，"人"，[Mary，John])
Concept(2，"读"，[])
Concept_SubGraph(3，"书"，[]，2)   // 由 Book 引起的概念图嵌套
Concept(4，"人"，[Sowa])
Concept(5，"写"，[])
Concept(6，"书"，[])
Concept(7，"1984"，[])
Relation(1，"Agnt"，[1]，[2])
Relation(2，"Obj"，[3]，[2])
Relation(3，"Agnt"，[4]，[5])
Relation(4，"Obj"，[6]，[5])
Relation(5，"Time"，[7]，[5])
Graphs(1，[1，2，3]，[1，2])
Graphs(2，[4，5，6，7]，[3，4，5])

在用算法 GSCG 算法生成嵌套概念图的自然语言语句时，由于嵌套概念图自身的复杂性，必须对生成算法进行必要的修改，以适应嵌套概念图生成自然语言语句时的需要。

首先，在嵌套概念图生成自然语言语句时，生成的句法模式中不但包含了概念节点的信息，而且还可能包含了与有关概念节点相关的子概念图的信息。因此，在生成语句的语法分支时，不能简单地将与关系相关的节点看做概念节点，而要进行必要的判断。若与关系相关的节点为一简单的概念时，就利用关系节点和相关的概念节点生成相应的汉语语法分支；若与关系相关的节点与一个子概念图中的概念属于同一概念时，即该概念为 Concept_SubGraph() 类型的概念时，将生成有关汉语语句的语法分支，并在语法分支中生成带有指向子

概念图的标记 G_n。

　　另外，嵌套概念图生成汉语语句时，生成过程中可能涉及到多个概念图，因此，生成算法不是对一个简单的概念图进行生成处理。为了适应嵌套概念图的生成过程，在生成算法中用一个 Graph[Max] 的数据结构控制生成过程。Graph[Max] 是一个数组，行为每个简单的概念图编号，列为一个简单概念图 $G_i(i \in I^+)$，Max 为系统预先定义的一个最大常数；另外一个数组为 Sentence [Max]，存储与概念图 G_i 对应的自然语言语句 $Sent_i$。在算法执行过程中，每当遇到一个 Concept_SubGraph() 类型的概念时，就将与该概念相关的概念图存储到数组 Graph[Max] 中；当处理完一个概念图后，就将数组的下标减 1，并将由子概念图生成的语句存储在 Sentence[Max] 中。当数组 Graph[Max] 下标为 0 时，算法结束。

　　根据以上思想，经过对算法 GSCG 的修改，设计了能够处理嵌套概念图的算法为 GSCGN(Generating Sentence from Conceptual Graphs with Nesting，简称 GSCGN)。新算法 GSCGN 可描述如下：

算法 5.3　GSCGN 算法

Input：CG　　　　//具有嵌套结构的概念图

Output：Sent　　　//汉语语句

```
Begin
    Index1＝1；Index2＝0；
    Graph[Index1]＝CG；
    While Index1≥1
    {
        RS＝Graph[Index1].Rlist；
        CS＝ Graph[Index1].Clist；CS₁＝CS；Sent＝Φ；
        Index1＝Index1-1；
        //查找概念图中的关键动词
        While RS≠Φ
        {
            R₀＝Firstelement(RS)；RS＝RS-R₀；
            For all Relations in the Conceptual Graphs
            Relation(R₀,Rname,X,Y)；//找出与 R₀ 相匹配的关系节点
            If Rname＝"AGNT" Then
            {
                S₀＝"Cₓ，Cᵧ"；
```

```
                C＝{X，Y}；
                RS₁＝RS；
                RS＝Φ；
        }
}
```

//依次生成概念图中的语句成分模式

If $S_0 \neq \Phi$ Then

```
{
    RS＝RS₁；
    S₀＝Φ；
    While RS≠Φ
    {
        R0＝Firstelement(RS)；
        For all Relations in the Conceptual Graphs
        Relation(R₀,Rname,X₁,Y₁)；//找出与 R₀ 相匹配的关系节点
        C1＝{X₁，Y₁}；
        If C₁∩C＝Φ Then RS＝RS－R₀；
        Else
        {
            Case
            {
                Rname＝"Obj"：S₀＝"C_{Y_1}，C_{X_1}"；
                Rname＝"Loc"：S₀＝"在，C_{Y_1}，的，C_{X_1}"；
                Rname＝"Attr"：S₀＝"C_{X_1}，的，C_{Y_1}"；
                Rname＝"Time"：S₀＝"在，C_{Y_1}，C_{X_1}"；
                Rname＝"Spend"：S₀＝"用，C_{X_1}，C_{Y_1}"；
                Rname＝"Ride"：S₀＝"乘，C_{X_1}，C_{Y_1}"；
                Rname＝"Use"：S₀＝"用，C_{X_1}，C_{Y_1}"；
                Rname＝"Inst"：S₀＝"用，C_{Y_1}，C_{X_1}"；
                Rname＝"Part"：S₀＝"C_{Y_1}，的，C_{X_1}"；
                Rname＝"Matr"：S₀＝"C_{Y_1}，做成的，C_{X_1}"；
                        ⋮            ⋮
            }
            If Concept_SubGraph(X₁，Cname，ReferenceList，K)
```

```
            Then
            {S_0 = Connect_Sentence(S_0, "C_{X_1}, G_K");
            Index1 = Index1 + 1;
            Graph[Index1] = G_K; }
        If Concept_SubGraph(Y_1, Cname, ReferenceList, K)
            Then
            {S_0 = Connect_Sentence(S_0, "C_{Y1}, G_K");
                Index1 = Index1 + 1;
                Graph[Index1] = G_K; }
        S = Connect_Sentence(S, S0); //将句子模式 S 与 S_0 连接
        C = C_1 ∪ C; RS_1 = RS - R_0; RS_1 = RS;
    }
}
//代换语句模式中的概念和概念所指域
While S ≠ Φ
{ Strings = First(S);
    If Strings ∉ CS Then Sent = Sent + Strings;
    Else
    While CS ≠ Φ
    { C_0 = Firstelement(CS);
        //找出与 C_0 相匹配的同一概念节点
        For all Concepts in the Conceptual Graphs
        Concept_SubGraph(X, Cname, ReferenceList, K);
        If C_0 = X Then
        {
            Sent = Sent + Proc(Reference) + Cname;
            CS = CS_1 - C_0; CS_1 = CS;
            Goto Next_Concept;
        }
    For all Concepts in the Conceptual Graphs
    Concept(C_0, Cname, Reference);
                        //找出与 C_0 相匹配的概念节点
    If C_0 = N Then
    {
```

$$Sent = Sent + Proc(Reference) + Cname;$$
$$CS = CS_1 - C_0; \quad CS_1 = CS;$$
$$Goto \ Next\_Concept;$$
　　　}
$$CS = CS - C_0;$$
　　}
$$Next\_Concept: \ S = Last(S);$$
}
$$Index2 = Index2 + 1;$$
$$Sentence[Index2] = Sent;$$
}
//组成完整的汉语语句
For all Sentences in the Array
$$Sent = \Phi;$$
While $Index2 \geqslant 1$
{ $Sent = Processing(Sent, Sentence[Index2]);$
　$Index2 = Index2 - 1;$ }
$$Optimize(Sent);$$
$$Print(Sent);$$
End

　　在算法 GSCGN 中，Case 后的两个 If 语句主要对指向同一概念的概念进行处理，生成同一概念指向的子概念图标记，并将子概念图的信息存储在 Graph[Max]数组中；在由语句模式生成语句时，利用谓词 Concept_SubGraph() 进行同一概念的概念类型标记和概念所指域的替换。算法最后的 While 循环实现将 Sentence 数组中的各个语句组成一条完整的语句，组成过程由 Processing() 完成。Processing() 的功能就是利用 5.3 节中的省略、指代和聚合进行语句优化。

　　例如，对于图 5.11 对应的汉语存储形式，调用 GSCGN 算法可生成两个子语句。根据概念图 1 生成语句模式 $SENT1 = $"$C_1$, C_2, C_3, G_2"；根据概念图 2 生成的语句模式 $SENT2 = $"$C_4$, 在, C_7, 年, C_5, C_6"，其中的 G_2 表示 C_3 指向另一个子概念图。优化处理部分对 SENT1 和 SENT2 进行处理，对于不同的语种有不同的处理方法：在英语中可直接将 SENT1 中的 G_2 用 SENT2 代替，并增加连词"that"就可组成一条完整的英语语句；对于汉语，可从 SENT1 中去掉 G_2，将 SENT1 和 SENT2 用"，"连接，并在逗号之前增加连词"它是"，就可组成汉语自然语言语句，即"Mary 和 John 读一本书，它是 Sowa 在 1984 年写的书"。对这一语句进一步优化，就可得到符合汉语习惯的汉语语句。

5.9 自然语言理解

5.9.1 语法规则集

语法学分词法和句法两个部分：词法的研究范围包括词的构成、词的形态和词类；句法的研究范围是短语、句子的结构规律和类型。因此，我们把语法规则集分成句法规则集和语法规则集两个集合：句法规则集给出句子的构成规则，是将词组合并成句子的规约规则；词法规则集给出词的合并规则，每个词法规则暗示了不同词类的结合顺序，是将一对词类合并成一个词类的规约规则。

汉语句子的结构（即句型）可以分为单句和复句两大类，单句又分为主谓句和非主谓句。由于汉语中的句子多是有主语和谓语两个成分组成，主语是谓语陈述的对象，谓语是用来陈述主语的。通常主语在前，谓语在后，两者之间有陈述关系。自然语言理解的基础是语法规则，本书总结的语法规则参见5.4节。

5.9.2 句法分析技术

句法分析技术经历了一个漫长的发展过程。不同的分析方法反映了不同的分析深度，归纳起来大致有如下几种：

（1）模式匹配技术：主要依靠关键词匹配技术来识别输入的中间表示。在自然语言理解中，依靠关键词来识别输入句子的意义。在自然语言生成中，系统将当前输入的中间表示（我们采用概念图表示）与事先规定好的模式进行近似匹配，并没有真正意义上的语法分析。早期的系统都是基于模式匹配的。

（2）先句法后语义技术：强调在语法分析过程中存在着一个相对比较独立的句法分析阶段，输出的结果是输入的句法分析树，再经过语义分析阶段的处理，获得语法和语义都正确的句子。实践证明，采用这种技术的系统可以不依赖于某个特定的应用领域，因而具有更好的可扩展性和可移植性。

（3）无语法分析技术：抛弃传统的句法分析模式，不产生句法分析树这样的中间结果。美国耶鲁学派创造的一体化概念分析方法就是这种观点的典型代表。这种分析策略的主要依据是心理学方面的合理性，直接从输入生成句子。对那些信息不全的，可以根据语义信息获得解释，这是传统的句法分析所难以对付的。然而对于比较复杂的句子，没有句法指导，语义分析往往难以奏效。

5.9.3　语义分析

语言分析作为自然语言处理领域中的一个独立的分支，长期以来一直受到世界各国研究人员的高度重视，已研究出不少适应于不同领域的句法分析算法和相应的句法分析系统。

在过去的几十年里，由于受到以美国著名语言学家 Chomsky 为代表的转换生成语法理论和当时整个科学界唯物主义思潮的巨大影响，基于规则的句法分析方法和系统一直是句法分析研究的主流。的确，基于规则的方法和系统在许多领域取得了一定的成功。

近几年来，随着计算机科学技术的飞速发展和人们对语言信息处理要求的不断提高，这一领域的研究工作开始朝着两个方向发展：一方面，语言学家和计算机科学家合作，不断提出更具表现力的新一代语言学模型，其中最著名的有广义短语结构语法（GPSG）、词汇功能语法（LFG）和功能合一语法（FUG）等，这些理论普遍加强了词汇信息的描写，通过引入复杂特征集和功能合一运算，进一步沟通了语言各成分之间的多种联系；另一方面是语料库语言学的崛起，该学科的基本宗旨是以语言基本素材（即语料库）为基础来描述和处理大规模的语言材料，它首先利用计算机从机器可读的自然语言文本中自动获取大量的各种语言知识，然后将它们有效地应用到各类自然语言处理系统中去。这种方法在诸如词类标注等应用中取得了令人瞩目的成功，但还有待于进一步扩大应用范围。

5.9.4　结构分析技术

结构分析技术采用的是自顶向下和关系驱动的算法，是在传统的自顶向下的回溯算法和自底向上的并行算法的基础上加以扩充和改进的，以适应面向概念图处理的需要。

1. 自顶向下分析法

假设有以下的语法规则集，我们使用自顶向下的语法分析法生成句子"He hits the dog"。

S→NP VP

NP→the N

NP→PN

VP→V

VP→V NP

N→dog

PN→he

V→hit

第一步，从开始符 S 出发，利用规则 S→NP VP。

第二步，可以从 NP 或 VP 出发。首先选择 NP，则有两个规则 NP→the N 和 NP→PN 可以使用。而前一个规则要求"the"＋名词，后一个规则要求代词，这就决定了应用第二个规则。

同样，有两个规则可以作用在 VP 上，VP→V 和 VP→V NP，其中第二个规则适用于这个句子，即 VP→V NP。

如此继续重复上述步骤，直到整个句子生成为止。

自顶向下的分析法是按照前缀的顺序，从左到右利用规则，逐渐扩展出整个句子。自顶向下的分析方法是一种句法规则已知的语句生成方法。

2. 自底向上分析法

自底向上分析法主要用于自然语言理解中，它从输入的句子开始，一步一步"归约"到开始符 S。所谓"归约"，是指反向使用规则，每一步将句子中的一个子部分与某个规则的右端匹配，若匹配成功，则用该规则的左端替换这个短语，如此反复，直到只剩下一个开始符 S，则规约停止。

以下用自底向上分析法对语句"He hits the dog"进行分析。

首先进行词性标注，如下所示：

He	hits	the	dog
PN	V	the	N

（1）先使用规则 NP→PN 将"He"规约成 NP。

（2）使用规则 NP→the N 将"the"和"dog"规约成 NP。

（3）使用规则 VP→V NP 将子串"V NP"规约成 VP。

（4）使用规则 S→NP VP 将整个句子规约为开始符 S。

语句"He hits the dog"的完成分析过程如图 5.12 所示。

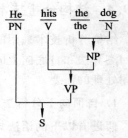

图 5.12　句法分析图

5.9.5　回溯与并行

由于在句法分析的过程中会遇到各种各样的歧义问题，所以歧义处理方法就显得很重要。传统的处理方法有两种：回溯（Backtracking）和并行

(Paralleling)。

传统自然语言句法分析有两种通用的分析算法，即自顶而下的回溯算法（Top-Down Backtracking Algorithm）和自底向上的并行算法（Bottom-Up Paralleling Algorithm）。

自顶向下的回溯算法的主要特点是每次只尝试一种推导。在句法分析的过程中，每次都只选择一种可能的规则进行规约。如果这次规约失败，即所推导的结果不能匹配，则回溯，尝试另一种规则，试验另一种推导，直到再也没有一个可选的规则或出现一个符合要求的推导。如此反复，即可得到想要的结果。在 Prolog 中，可以很方便地实现回溯机制。

自底向上的并行算法的主要特点是同时进行所有的推导。在句法分析的过程中，以自底向上的方式建立一些局部分析，其中每个局部分析代表了一个子串。

这两种算法都属于非确定算法，都有可能产生组合爆炸的情况。因此，在实现过程中，将多种方法结合起来使用，对回溯或并行过程进行控制。

5.10　本章小结

自然语言接口的设计包括自然语言理解和自然语言生成两部分。本章介绍的自然语言接口可用于专家系统自然语言接口的设计，也可用于其他软件系统的自然语言接口设计。本章重点研究了基于概念图知识表示方法的汉语生成技术，总结了汉语生成中常用的关系形式，设计了从概念图生成汉语语句的简单概念图的生成算法 GSCG、循环概念图的生成算法 GSCGC 和嵌套概念图的生成算法 GSCGN，并设计了循环概念图和嵌套概念图的存储形式。

参 考 文 献

[1] Elaine Rich，Natural Language Interface[J]，IEEE Computer Vol. 17，pp. 39－47，September 1984.

[2] Liu Peiqi, Li Zengzhi, Zhao Yinliang. Chinese Sentences Generating in Network Fault Diagnosis Expert System. International Journal of Information Technology，Vol. 11，No. 5，Singapore. Proceedings of 2005 International Conference on Intelligent Computing（ICIC'05），pp. ：3184－3193，Hefei，Aug. 23－26，2005.

[3] 刘培奇. 新一代专家系统知识处理的研究与应用[D]. 西安交通大学博士

学位论文，2005.9.

[4] 刘培奇，李增智，赵银亮. 扩展产生式规则的网络故障诊断专家系统[J]. 西安交通大学学报，2004，38(8)：783－786.

[5] 刘培奇，李增智，赵银亮. 扩展产生式规则知识表示方法[J]. 西安交通大学学报，2004，38(6)：587－590.

[6] 杨国文. 自然语言生成研究的动态与方向[J]. 当代语言学，1998，2：11－14.

[7] 李芳. 自然语言生成系统的建模和实现[D]. 北方交通大学博士学位论文，1994.12.

[8] 黄泰翼. 汉语自然语言生成的理论、方法的研究及系统实现[D]. 中科院自动化研究所博士论文，2001.6.

[9] 张冬茉，葛永，等. 多语种自然语言生成系统中的语言模型[J]. 上海交通大学学报，2000，34(7)：944－947.

[10] 张冬茉，葛永，等. 多语种自然语言生成系统中的预映射句子规划器[J]. 计算机研究与发展，2001，38(4)：467－474.

[11] 尹凌，张冬茉. 多语种文本自动生成系统中句子规划部分知识表示模型的构造[J]. 计算机工程，2000，26(3)：3－5.

[12] 白振兴. 一种新的知识表达方法：概念结构[J]. 北京：计算机科学. 1992，19(6)：21－26.

[13] 刘晓霞. 新的知识表示方法—概念图[J]. 西安：航空计算技术. 1997，4：28－32.

[14] 周继鹏. 基于概念图的自然语言语义解释[J]. 北京：计算机科学，1993. 5.

[15] 郭忠伟，周献忠，黄志同. 自然语言生成系统的多视图体系结构[J]. 计算机工程与应用，2002，6：106－253.

[16] 贾佩山. 自然语言生成技术及其应用实例[J]. 电脑与信息技术，1997：7－9.

[17] Velardi Paola. Conceptual graphs for the analysis and generation of sentences[J]. IBM J. RES. & DEV., Vol. 32, pp. 251－267, March 1988.

[18] 詹卫东. 面向中文信息处理的现代汉语短语结构规则研究[D]. 北京大学博士论文，1999.7.

[19] 朱德熙. 语法讲义[M]. 商务印书馆，1980.

[20] 侯敏. 计算语言学与汉语自动分析[M]. 北京：北京广播学院出版社，

1999.

[21]　王小捷，常宝宝. 自然语言处理技术基础[M]. 北京：北京邮电大学出版社，2002.

[22]　姚天顺，朱靖波，张俐，等. 自然语言理解——一种让机器懂得人类语言的研究[M]. 2 版. 北京：清华大学出版社，2002.

[23]　Allen James. 自然语言理解[M]. 2 版. 刘群，等，译. 北京：电子工业出版社，2005.

[24]　Moulin B. Conceptual graphs approach for the representation of temporal information in discourse[J]. Knowledge Based System，1992，5(3).

[25]　John F. Sowa，Generating Language from Conceptual graphs [J]. Comp. & Maths. With Apples. 1983，9(1)：29-43.

[26]　John F. Sowa，Conceptual Structure：Information processing in mind and machine[M]. UK：Addison-Wesley Publishing Co. 1984. 69-123.

　　网络故障管理是网络管理的5大功能之一。随着网络结构与规模的快速发展，计算机网络的结构越来越复杂，规模也越来越庞大，这对网络管理提出了更高的要求。目前广泛使用的以人工方式进行计算机网络的故障定位、故障诊断、故障恢复已经不能满足计算机网络发展的需要。值得庆幸的是，人工智能理论，特别是人工智能中专家系统的最新研究成果，为计算机网络故障诊断提供了新的契机。本章将人工智能理论同网络管理相结合，设计了计算机网络故障诊断专家系统的原型系统。在网络故障诊断专家系统中，采用了基于概念图的扩展产生式规则知识表示方法，并利用自然语言处理理论为专家系统设计了汉语自然语言接口。为了增强知识获取的灵活性和系统的自学习能力，在专家系统中增加了基于关联规则挖掘算法的知识获取模块[1]。

6.1　网络故障诊断专家系统的结构

　　自从20世纪90年代Internet诞生以来，计算机网络无论在技术和规模上，还是在结构上都有了飞速发展。面对庞大和复杂的计算机网络，仅以人工的方式难以处理网络中出现的各种故障现象。如何高效、准确地进行网络故障的定位、故障排除和故障恢复是网络故障管理面临的重要问题。人工智能的理论、方法和工具为计算机网络故障管理提供了重要的研究方向。随着人工智能的快速发展，特别是专家系统的最新成果，为计算机网络故障诊断与分析提供了最新途径[2-5]。

6.1.1　传统专家系统存在的问题

　　传统专家系统诞生于20世纪60年代。经过近半个世纪的发展，专家系统在其原理、技术和工具等方面都取得了突破性的发展，其在各个领域的应用不胜枚举，并且取得了辉煌的成就。但是，在传统的专家系统中还存在着一些比较严重的问题，它主要反映在[6-9]：

1. 专家系统接口不友好

在目前流行的专家系统中，大多数采用菜单或行命令的工作方式。由于菜单方式受到"模 7 加减 2"思维方式的限制，可能会导致系统结构复杂化；对于行命令方式，由于专家系统中严格的知识结构的限制，使行命令方式不利于知识的获取和更新；窗口工作方式目前比较流行，但窗口实质上是一个树型结构，当系统较复杂时，用户会有"迷路"的感觉。

2. 知识表示方法陈旧

在知识表示方法上，最常用的知识表示方法有产生式规则、语义网络、脚本等，它们都没有充分揭示知识在语言级别上的深层语义关系。

3. 知识获取方法不灵活

在知识获取方面仍以人工方式为主，由知识工程师和领域专家协调完成。知识获取效率低，致使知识获取成为专家系统应用的瓶颈。

针对以上问题，作者在对国家自然科学基金项目的研究中，设计了具有新一代专家系统特征的专家系统模型，并根据该模型开发出网络故障诊断专家系统（The Expert System of Faults Diagnosis in Network，简称 ESFDN）的原型系统。在 ESFDN 中，主要知识表示为 EPRs；知识库中的知识既可通过领域专家编辑输入，也可从历史数据中进行在线知识挖掘获取；在系统中设计了自然语言接口，用户可通过受限制的汉语同系统进行交互。

6.1.2　网络故障诊断专家系统结构模型

网络故障诊断专家系统由专家系统和自然语言接口两部分组成，自然语言接口可实现理解和输出计算机网络故障诊断领域内的汉语语句，专家系统中所有知识均采用 EPRs 形式表示。系统以匹配推理为主，并且还有模糊推理和灰色推理等推理方法，专家系统的推理结果为一有意义的概念图，即正则图。网络故障诊断专家系统结构如图 6.1 所示。下面将对图中主要模块的功能作以介绍。

1. 预处理与词法分析

对输入的汉语句子进行切词、同义词处理和词汇识别。若在输入句子中包含词典中不存在的词汇，系统将报告出出错信息。另外，该模块还要对输入的句子中不重要的词汇进行适当的忽略，使系统在识别句子时具有足够的灵活性。

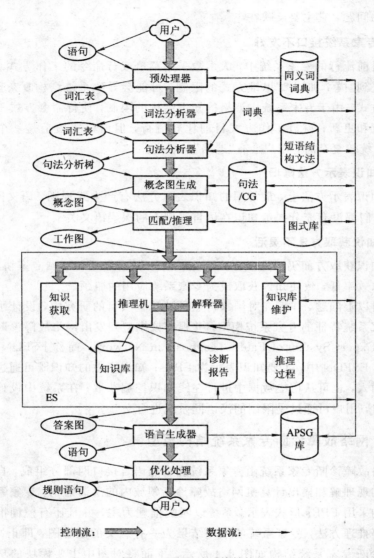

图 6.1 ESFDN 系统结构

2. 句法分析

句法分析的目的就是利用词典和短语结构语法规则对输入的句子进行句法分析。对正确的语句生成句法分析树，作为生成概念图的依据。

3. 解释器

专家系统中的解释器是根据专家系统中记录的推理路径，对推理过程、结论的合法性作出解释，可回答用户有关推理结构的 HOW 和 WHY 两种问题。

4. 知识获取

在专家系统中除采用传统的知识获取方法之外，还采用了目前数据挖掘中的一些先进技术，对网络故障信息进行在线知识挖掘，获取必要的知识，增强专家系统解决问题的能力。

5. 知识库维护

知识库维护模块负责对系统中的所有知识库进行维护，它包括增加知识、删除知识、更新特定知识中的信息和编辑知识等，特别是当专家系统中知识量不足时，可通过知识获取模块进行在线知识获取。

6. 自然语言生成

语言生成主要由语言生成器和语言优化模块组成。它利用扩展短语结构文法（APSG）库，将专家系统的推理结果 AG(Answering Graph)转换成自然语言文本。为了使生成的语言符合自然语言规范，可由优化处理部分进行优化处理。

6.2　网络故障知识的组织

随着计算机网络的快速发展，网络中设备的多样性和结构的异构性更为突出。同时，网络中出现的故障现象也越来越复杂。下面对收集到的常见故障现象分门别类地进行介绍。

6.2.1　网络故障知识的分类

在计算机网络中出现的故障现象非常复杂，另外，由于网络的规模越来越大，往往系统中的故障现象是几种问题的"交织"状态。为了简化系统故障诊断的过程，将网络中的故障现象按照计算机网络的 OSI 参考模型进行分类表示[10]。分类情况详见图 6.2。

在物理层的故障现象主要表现为网络的线路连接方面的故障，约占整个网络故障的 85%。例如，像连接器的接触问题，连接线路的线对分离、线对开路、线对短接问题，还有线路超长、中继器、集线器、端口、外界干扰、带宽拥塞等问题。

与数据链路层有关的故障包括 CRC 错误、冲突和未发送完的信息、缓冲区不足而导致交换机或网桥中数据包的丢失、交换机或网桥中数据包数据损坏、以广播地址（地址为全"1"，十六进制全为"F"）为目的地址的广播风暴。

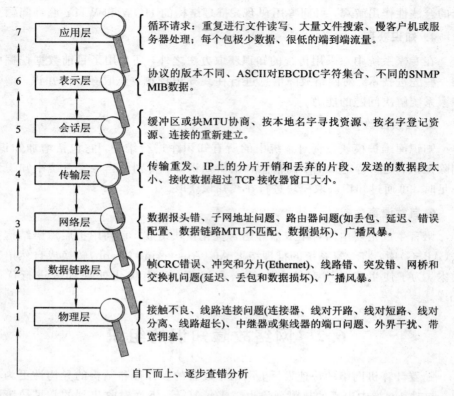

图 6.2　按照 OSI 模型对网络故障现象进行分类

在网络层中，由于路由器依赖网络层报头中的信息，所以许多与网络层有关的故障可能是路由器的路由选路问题，包括丢包、排队和过滤延迟、路由器配置错误、路由器输入输出端口的 MTU（最大传输单元）不匹配、其他路由器的路由信息协议包（RIP）路由超时、一个端口分配多个子网，还有数据信息的破坏，以及广播风暴等问题。

在数据包传输过程中，会出现传输层的故障现象。传输层的故障包括数据包在传输过程中丢失或延迟。与 TCP 协议密切相关的问题包括由 IP 层拆开的 TCP 数据块、没有利用 DLC 层 MTU 的较小 TCP 数据段、TCP 窗口与接收者缓冲区的大小不匹配等问题。

会话层的问题常常与逻辑名或别名映射网络地址有关。相反，用 DNS 或 WINS 登记逻辑名可能产生问题。

在目前的应用中，没有通用的表示层应用，所以在网络出现的故障中有关表示层的故障较少。

循环请求是应用层的一个常见现象。当网络中应用程序连续请求确切相同的数据时就出现循环请求问题。另外，在文件操作中，会出现重复的文件读取和写入、过多的文件搜索、慢速的用户机接收服务器数据等，都会使网络速度急剧下降，这都是应用层常见的现象。

6.2.2　ESFDN 中故障诊断知识库

知识库是存储网络故障诊断知识的数据库。在本书中，有关网络故障诊断的知识以谓词[10, 11]的形式存储在知识库中：

概念节点谓词：

Concept(Ctype，Cref，CNo)

关系节点谓词：

Relation(Rtype，NodeInList，NodeOutList，RNo)

概念图谓词：

Graphs(GNo，CidList，RidList)

规则谓词：

Rule(RNo，PreList，PreCFList，PreIMList，ConList，ProcList，CF，RC)

以上谓词的参数说明，以及关于故障诊断知识的存储形式详见本书 2.6 节。由于网络中的故障现象比较复杂，类型也比较多，所以将网络中的故障现象划分为一些小的知识库，便于知识推理，能有效地提高知识推理的效率。下面是网络故障诊断专家系统中的部分知识库的片段（为了减少篇幅，知识库中的知识均按照汉语形式描述）[12, 13]。

1．网络连接的故障现象

有关网络连接的故障现象和处理方法存储在 Connect. kdb 文件中，包括：

现象 1：间歇性地出现网络连接失败。

原因：

(1) 同轴电缆 BNC 接头松动，或线缆与 BNC 接头之间接触不良。

(2) 终端电阻超值。

现象 2：整个网络连接失败。

原因：

(1) 同轴电缆的某段有连接故障。

(2) 因 MAU 损坏或接地不准确。

现象 3：出现冲突次数多。

原因：

(1) 电缆上反射信号过强。

（2）电缆上 MAU 过多。

（3）存在多个接地。

（4）电缆过长。

现象 4：间歇性或经常出现冲突和碎片。

原因：电磁干扰。

现象 5：双绞线网络性能劣化、冲突和帧校验差错多。

原因：

（1）由串接线对或电缆段没有绞合而引起的串扰。

（2）双绞线数据传输率低。

（3）数据传输率过高且不稳定。

（4）电磁干扰。

现象 6：连接站点完全失败。

原因：

（1）电缆弯度过大或损坏。

（2）连接器损坏。

……

2. 10M/100M/1000M 以太网络故障现象

有关以太网络故障诊断的知识存储在 Ethernet. kdb 文件中，包括：

现象 1：网络性能下降的同时伴有 FCS 差错。

原因：

（1）网络中有噪声和干扰。

（2）电缆上有电磁干扰。

（3）网络适配器有故障。

（4）网络连接部分有接触不良或损坏。

现象 2：网络性能下降的同时伴有滞后冲突。

原因：

（1）线缆超长。

（2）在网络中级联数过多。

（3）网络适配器或 MAU 损坏。

现象 3：网络性能下降的同时伴有早期冲突。

原因：

（1）终端电阻损坏或不足 50 Ω。

（2）T 头松动或损坏。

（3）电缆损坏或与网络类型不相容。

现象 4：网络速度慢、响应时间长。

原因：

（1）线路上的网桥或路由的缓存溢出。

（2）光缆衰耗过大，或发射光功能低，或传输线过长。

（3）存在本地路由。

现象 5：网络的某网段与其余网段失去了桥接。

原因：

（1）网桥的端口配置不正确或布线错误。

（2）网桥处于保护模式下而没有学习功能。

（3）网桥或路由器的过滤器设置不正确。

现象 6：客户机出现间歇性的网络连接失败故障。

原因：

（1）NIC 或交换机/路由器的配置有错。

（2）NIC 或交换机/路由器的工作模式不匹配。

（3）主机忙或处于重载状态。

3．交换式 LAN 网络的故障现象

有关交换式 LAN 网络的故障诊断知识存储在 Lan_Switch. kdb 文件中，包括：

现象 1：LAN 交换机互连的网段之间无连接。

原因：

（1）布线差错。

（2）交换机电源失效。

（3）交换机硬件故障。

（4）交换机配置差错。

（5）交换机的 IP 地址、子网掩码或默认网关差错。

（6）VLAN 配置差错。

（7）源路由没有激活。

（8）某个 FDDI 交换接口地址配置重复。

（9）某个令牌交换端口设置了重复的令牌环地址。

现象 2：广播风暴。

原因：由于没有激活或不支持生成树算法，从而在传输路径上形成回路。

现象 3：吞吐量很低。

原因：

（1）网络设计质量低。

（2）交换机端口设置不正确。

（3）交换机端口损坏。

（4）线缆长度超出了范围。

4. IP 网络的故障现象

有关 IP 网络的故障诊断知识存储在 IP.kdb 文件中，包括：

现象 1：Ping 环回地址（127.0.0.1）失败。

原因：

（1）TCP/IP 驱动程序或网络适配器驱动程序出错。

（2）网络接口损坏。

现象 2：从同一子网的其他主机到故障主机的 Ping 测试失败。

原因：

（1）故障主机没有连接到网络上。

（2）故障主机的网络适配器配置不正确。

（3）主机的 IP 地址或子网屏蔽码不正确。

现象 3：从故障主机到同一子网其他主机的 Ping 测试失败。

原因：

（1）故障主机没有连接到网络上。

（2）目的主机没有激活。

（3）Ping 命令中的 IP 地址不正确。

现象 4：从故障主机到默认路由器的 Ping 测试失败。

原因：

（1）故障主机没有连接到网络上。

（2）故障主机的 IP 地址或子网屏蔽码出错。

（3）Ping 命令中的 IP 地址不正确。

（4）默认路由器的配置不正确。

（5）路由器的端口没有激活。

（6）DHCP 问题。

现象 5：从故障主机到其他子网主机的 Ping 测试失败。

原因：

（1）路由器的默认网关配置不正确。

（2）路由器上没有配置默认网关。

（3）远端主机没有激活。

（4）到目的主机的路由器端口没有激活。

（5）路由器上的路由表不全。

现象 6：用名字 Ping 故障主机失败。

原因：

（1）故障主机没有连接到网络上。

（2）故障主机名与 IP 地址的映射有误。

（3）DNS 服务器的 IP 地址配置不正确。

（4）DNS 服务器没有激活。

（5）发送 Ping 命令的主机名与 IP 地址映射有误。

另外，在知识库中还包含有电子邮件、HTTP 传输、FTP 传输等服务方面的故障诊断知识。由于篇幅的限制，这里不再详述。

6.3　ESFDN 中汉语语言子集

在设计专家系统自然语言接口之前，首先要明确自然语言接口所处理的语种和具体处理哪些语句，其中第一个问题是要解决接口所处理的目标，第二个问题是要解决自然语言的处理范围。ESFDN 专家系统接口设计的目的就是对汉语进行理解和生成。根据 ESFDN 对计算机网络进行故障诊断的具体问题，确定系统的接口是对受限制的标准书面汉语语言子集进行处理。下面将从汉语子集中的句型和语法两个方面对 ESFDN 中的汉语语言子集进行介绍。

6.3.1　汉语语言子集中的基本句型

根据 ESFDN 的工作原理和处理问题的性质，结合汉语语法[14]总结出系统中常用的句型。

1. 陈述句

陈述句主要用于描述事实。用户可以用陈述句描述计算机网络中出现的故障现象，描述推理机根据事实推导出的结论，描述处理故障现象的方法等。例如，"交换机 A 的第 5 个端口不能工作"就是陈述句。

2. 疑问句

疑问句主要用来查询推理结果的真实性，对推理是否可靠提出质疑，要求系统作出合理解释。疑问句也可以为逆向推理提供一种假设，然后启动推理机进行逆向推理。疑问句的结构很复杂，它包括无疑问词的语句、带疑问词的语句、疑问词作为主语的语句，还有疑问词作为主语的定语、疑问词作表语、疑问词作定语、疑问词作状语的语句等。

3. 祈使句

祈使句是系统中应用较多的句型。用户使用祈使句可以向系统发布命令和提出建议等。祈使句可分为由单独动词组成的祈使句、有"请"、"让"等词和陈述句组成的祈使句、由副词组成的祈使句。例如"快!","让我去!","停!"等都是祈使句。

其他句型在本系统中应用较少,这里不再介绍。

6.3.2 汉语语言子集的语法

在确定了系统所应用的基本句型后,就确定了自然语言接口的处理范围。为了便于程序设计,必须为可用句型构造一个有效的汉语语法子集。

一个语言集合可形式化地描述成短语结构文法,即用 4 元组 $G=(V, \Sigma, P, S)$ 表示。其中,V 为词汇集合,是一个有限非空集;Σ 为 V 的一个非空子集,称为终端符号集,表示在一条正规语句中出现的符号;N 为非终端符号,且 $N=V-\Sigma$;P 为产生式规则集合,每个产生式规则的形式为 $A \rightarrow \alpha$(其中,$A \in N, \alpha \in (V \cup N) *$);$S$ 为开始符号;4 元组 G 为描述语言的文法,而由文法 G 生成的语言记为 $L(G)$。

下面将从文法 G 的 4 个要素介绍 ESFDN 中的汉语语言子集。

1. 终端符号集 Σ

终端符号集 Σ 是由网络故障诊断中语句的词汇组成。常用的专业词汇有计算机、网络、交换机、接口、双绞线、内存、网卡、连接、路由器、TCP/IP、协议、操作系统等,还有一些常用的普通词汇,如运行、请、查看、检查、的、好、正常、超时等。所有这些词汇就组成了系统中的终端符号集 Σ。

在 Prolog 语言中,将 Σ 中的所有词汇按照它们的语法属性进行划分,分别用谓词 Modal,Noun,Verb,Adverb,Preposition 等来表示,作为汉语理解和生成中的词汇。

2. 非终端符号集 N

非终端符号集 N 由汉语中的一些语法信息组成。为了便于程序设计,所有非终端符号都用英文方式表示。如符号 S,N,NP,ADJ,V,VP,PREP,ADV 和 ε,它们分别表示语法属性中的语句、名词、名词短语、形容词、动词、动词短语、介词、副词和空字符串。

3. 全体词汇集 V

$$V = \Sigma \cup N$$

4. 开始符号 S

开始符号 S 表示一条语句，$S \in N$。

5. 产生式规则集 P

产生式规则集合中包含了一组生成和分析汉语语句的规则。规则中的大写字符为非终端符号，汉字为终端符号，语法规则以 S 开始。在 ESFDN 中应用的汉语产生式规则集合 P 如下：

S→NP VP | NP BE VP | NP VP BY NP | ε

S→BE NP | BE ADV | V1 VP | ε

S→S1 | S2 | ε

S→"对不起，我不认识这个句子！"

S1→BE NP NP | NP VP

S2→WH VP | WH NP VP | WH S1

NP→N NP1 | ADJ N

NP1→PP | CLAUSE | ε

PP→PERP NP

CLAUSE→CONJ S

VP→MODAL VP1 BY NP

VP1→NO FREQ V | BE NO FREQ V

WH→为什么 | 谁 | 那里 | 什么 | …

BE→是

ADJ→好 | 坏 | 大 | 小 | …

N→计算机 | 网络 | 内存 | 显示器 | 交换机 | 路由器 | …

ADV→太 | 好 | 坏 | 快 | 慢 | …

PERP→的 | 在 | 上 | 下 | …

CONJ→因为 | 所以 | 尽管 | 当 | 在 | …

NO→不 | 决不 | ε

V→去 | 作 | 检查 | 运行 | 测试 | 打印 | 显示 | …

V1→让 | 请 | …

BY→用

FREQ→可能 | 经常 | 总是 | 有时 | …

MODAL→将 | 必须 | …

以上仅仅是对 ESFDN 中汉语子集的一个粗略描述。今后，随着系统的不断运行，经过语法知识的不断丰富，语法 G 可满足实际应用的要求。

6.4 ESFDN 专家系统的原型设计

ESFDN 是一个网络故障诊断专家系统,它的设计目标是能够利用有关网络故障诊断领域内的汉语对系统进行操作,故障诊断的结果也用汉语形式表示。为了兼顾自然语言理解和专家系统推理,系统中的知识均按照 EPRs 形式存储。在系统的知识不足时,可以利用关联规则挖掘的方法进行在线知识获取。目前,利用 Prolog 语言[15]已经完成 ESFDN 的原型设计,系统的总体构架如图 6.3 所示。

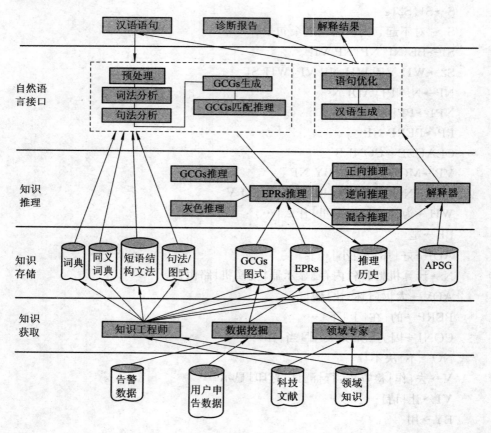

图 6.3 ESFDN 总体构架

图 6.3 中将 ESFDN 的总体构架分为 4 个层次,其中① 知识获取层由数据挖掘、领域工程师和知识工程师组成,主要对网络的告警数据、用户申告数据、科技文献和专业知识进行挖掘;② 知识存储层存储汉语语言知识、GCGs 图

式、EPRs 规则、推理历史记录和 APSG 规则等知识；③ 知识推理层主要完成 EPRs 的推理，并且可选择知识推理的方向，其解释器利用推理历史记录对推理的合法性进行解释；④ 自然语言接口层完成对汉语语言的理解和生成。在图中没有明确说明知识表示部分，知识表示已经在专家系统建立之初完成。

下面主要讨论 ESFDN 设计中的几个细节问题。

6.4.1　数据库的组织

在 ESFDN 系统中，主要的数据库有词典库、句法库、APSG 库和知识库等。这里主要对词典库和知识库进行介绍。

1. 词典库

词典库主要存储在 Words. Lan 文件中，根据词汇的不同类型，按照英语对词汇分类的方法分别用以下谓词表示：

Noun(X)：表示 X 为名词。例如，Noun("人民")，Noun("计算机")，Noun("服务器")等分别表示"人民"、"计算机"和"服务器"都是名词。

Adjective(X)：表示 X 为形容词。例如，Adjective("大")，Adjective("小")，Adjective("好")等分别表示"大"、"小"和"好"都是形容词。

Preposition(X)：表示 X 为介词。例如，Preposition("在")表示"在"是介词。

Verb(X)：表示 X 为动词。例如，Verb("安装")，Verb("启动")，Verb("设置")等表示"安装"、"启动"和"设置"为动词。

Modal(X)：表示 X 为情态词。例如，Modal("能")，Modal("可以")，Modal("必须")分别表示"能"、"可以"和"必须"是情态词。

Be(X)：表示 X 为"是"动词。例如"IP 地址是 202.200.144.7"就是用"是"作动词，这样的动词可表示为 Be("是")。

NoVerb(X)：表示 X 为对动词的否定。例如，NoVerb("不")表示"不"为对动词的否定。

2. 同义词词库

为了增强专家系统处理语句的灵活性，在系统中建立了同义词词库。在 ESFDN 系统中的同义词并不是广泛意义上的同义词，它仅仅是在该系统中具有相同意义的词汇。在同义词词库中存储了同专家系统进行会话时常见的同义词，这些同义词保存在 Synonymy. Lan 文件中。

在同义词词库中用到谓词 Same(X, Y)，表示 X 和 Y 中的词汇意义相同，X 为一词条，Y 为由一些词条组成的表。例如，Same("HUB"，["集线器"，"交换机"])表示"HUB"与"集线器"和"交换机"是同义词。

3. 图式库

在图式库中存储了系统中应用的正则图，它表示了系统中每个词汇的合理用法和每个词汇的具体含义。当生成一个概念图后，匹配/推理机就用图式库中的图式检查概念图的真正意义，推导出合理的工作图 WG(Working Graph)。图式库保存在 Schema. Sch 文件中。图式在计算机中的存储形式为

Schema 编号：图式名

正则图

例如，在图式库中定义的"启动计算机网络"的图式为

Schema n：启动

[启动]—(Agnt)→[系统管理员]

(Obj)→[服务器]

(Loc)→[计算机机房]

另外，利用图式还可以排除自然语言中的一些含糊性。例如，在利用汉语进行交流时，"打开计算机"和"打开 101 教室"中用了相同的词汇"打开"，但是它们的意义大相径庭。在第一条语句中的"打开"是启动计算机的意思，而第二条语句中的"打开"表示将 101 教室的门打开，它们可用图式清楚地区分：

Schema x：打开

[打开]—(Agnt)→[系统管理员]

(Obj)→[开关]→(Loc)→[计算机]←(Obj)←[接通]

Schema y：打开

[打开]—(Agnt)→[教室管理员]

(Obj)→[教室：♯101]→(Loc)→[教学大楼]

(Tool)→[钥匙]

4. 短语结构文法和扩展短语结构文法

短语结构文法和扩展短语结构文法保存自然语言理解中的语法规则和生成自然语言的规则。在专家系统中，短语结构文法和扩展短语结构文法的知识分别保存在文件 Aps. lan 和 Apsg. lan 中。

6.4.2 知识获取

专家系统中知识获取的问题已经在一些文献中进行了讨论[16-18]，在本书中，为了提高专家系统的工作效率，采用了两种知识获取方法。在用户容易提供进一步知识的情况下，提示用户采用全屏幕编辑的知识获取形式，避免关联

规则挖掘的时间消耗；在用户也无法提供新的知识时，通过菜单中的"规则挖掘"项启动关联规则挖掘引擎，调用 2 元谓词 MARTPDU（Ming Association Rules in Traps PDU）从网络故障的历史记录中找出故障诊断的关联规则。为了保证获取规则的有效性，将通过数据挖掘得到的规则显示在屏幕上，由用户选择出有效的规则，再存储到知识库中。在以后的知识获取中，数据挖掘均采用增量式关联规则挖掘形式，提高关联规则挖掘的效率。

6.4.3 专家系统的设计

ESFDN 专家系统采用窗口和自然语言相结合的接口形式。对于一些大的功能分类，采用窗口中的下拉式菜单驱动，而对于每个菜单项中的详细功能，采用受限制的汉语形式完成。

1. 专家系统的菜单

ESFDN 专家系统中的菜单如图 6.4 所示。由于菜单项为汉语形式，所以不再作进一步解释。

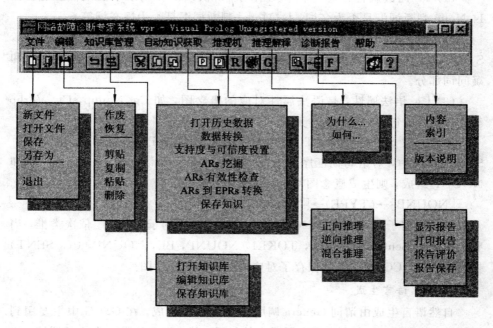

图 6.4 ESFDN 的系统菜单

2. 专家系统中的自然语言接口

专家系统的自然语言接口分为汉语的理解和汉语的生成两部分。系统中允许使用的汉语是限制在网络故障诊断范围内的书面汉语语句。

1）自然语言理解

词法分析用谓词 Check 和 Tokl 实现，其中 Tokl 是一个 3 元谓词，负责提取句子中的词汇；Check 是一个 1 元谓词，检查词汇的合法性。由于汉语的词汇之间没有分隔符号，在输入汉语语句时以人工的方式将汉语语句中的词汇自动分开，避免切分词汇时的时间消耗和出现的歧义性。词法分析的结果是一串符合词法的汉字序列。

对于词法分析的结果进行句法分析、语义分析和概念图生成，句法分析、语义分析与概念图的生成同时进行。当分析所输入的语句是合法的语句时，利用自顶向下的深度优先搜索策略，进行试探性搜索。在进行搜索的同时就生成了对应于语法部分的子概念图。当搜索成功后，就生成相应语句的概念图，再利用概念图和图式库的匹配，实现语义分析。在这一部分中主要使用了 3 类谓词，即 Is_词法属性、S_语法属性和 Cg_语法属性。

（1）Is_词法属性：是一个 1 元谓词，辨认词汇在句子中的语法作用。如 Is_Noun 判断词汇是否为名词，Is_Modal 判断词汇是否为情态词等。

（2）S_语法属性：是一个 4 元谓词，对语句进行语法分析，如 S_Verbp，S_Verb，S_Nounp，S_Wh 等分别表示语句中的动词部分、动词、名词部分和疑问词部分。

（3）Cg_语法属性：是语法属性对应的概念图，如 Cg_Nounp，Cg_Verbp 等，分别表示句子中名词部分和动词部分对应的概念图。

例如，在 S_Sentence（TOKL，TOKL1，NOUNP，BE，NOUNP，CG_SENT）谓词中，对语句词汇序列 TOKL 进行分析。若语句由 NOUNP，BE 和 NOUNP 组成，则生成概念图 CG_SENT 为

[NOUNP]→(TYPE)→[NOUNP]

然后再对利用子谓词 S_NOUNP 和 S_BE 生成对应的子概念图。依次类推，当整个谓词 S_Sentence（TOKL，TOKL1，NOUNP，BE，NOUNP，CG_SENT）搜索成功后，CG_SENT 就保存了对应语句的完整概念图。

2）自然语言生成

自然语言生成由谓词 Genera 调用算法 GSCG 完成。在 GSCG 中主要用到谓词 S_NP 和 S_VP 来生成概念图对应的句子，其中 S_NP 是一个 6 元谓词，它通过对概念图的遍历生成句子的名词短语；S_VP 是一个 7 元谓词，它通过对概念图的遍历生成句子的动词短语。最后，再将名词部分与动词部分组合，得到概念图对应的汉语语句。

6.4.4 推理机和解释器

推理机是专家系统的核心，是一段能够利用知识库完成逻辑推理的程序。在推理机中，主要由谓词 Goes 分别调用 3 元谓词 Goes0，Goes1，Goes2 和 Goes3 实现完全匹配推理、投影匹配推理、最大连接匹配推理和基于语义约束匹配推理。用变量 history 记录推理过程，并将每次推理的完整过程存储在 History. his 临时文件中，为解释器提供必要的数据信息。专家系统中的 2 元谓词 Show_Rule 和 Show_Coundition 从推理的 History 表中，逐步取出规则号、规则和规则的条件，向用户说明推理结果的真实性。

6.5 本 章 小 结

本章针对传统网络故障管理中存在的不足，结合人工智能，特别是人工智能中的专家系统，设计了一种网络故障诊断专家系统的模型。该模型以扩展产生式规则表示方法为基础，具有自然语言接口能力。为了增强专家系统知识获取的灵活性，在专家系统中应用了改进的 Apriori 算法对 Traps 数据进行关联规则挖掘。目前利用 Visual Prolog 5.0 语言开发了基于该模型的网络故障专家系统原型 ESFDN，系统对网络故障诊断领域内汉语句子的理解能力达到80%。只要进一步对知识库和系统的有关部分完善，该系统就可以应用到实际网络故障诊断中。

参 考 文 献

[1] 刘培奇. 新一代专家系统知识处理的研究与应用[D]. 西安交通大学博士学位论文，2005.9.

[2] 杨锐，白英彩. 网络管理专家系统研究[J]. 沈阳：小型微型计算机系统，1997，8(2)：15-20.

[3] 刘康平. 网络故障管理中的知识发现方法[D]. 西安：西安交通大学博士学位论文，2001.

[4] 蔡自兴，约翰.德尔金，龚涛. 高级专家系统：原理、设计及应用[M]. 科学出版社，2005.

[5] 顾冠群，罗军舟，费翔. 智能集成网络管理[J]. 北京：中国金融电脑，1998，6(107)：9-12.

[6] 刘培奇，李增智，赵银亮. 扩展产生式规则的网络故障诊断专家系统[J].

西安交通大学学报，2004，38(8)：783－786.

[7] 蔡自兴，徐光祐. 人工智能及其应用[M]. 3 版. 北京：清华大学出版社，2004.

[8] 王永庆. 人工智能原理与方法[M]. 西安：西安交通大学出版社，1998.

[9] 赵瑞清. 专家系统原理[M]. 北京：气象出版社. 1987.

[10] 陈兆乾. TURBO PROLOG 程序设计[M]. 南京：南京大学出版社，1990.

[11] 杨冀宏. 用 PROLOG 和 TURBO PROLOG 语言开发专家系统[M]. 北京：航空工业出版社，1990.

[12] Kyas Othmar. 网络故障诊断与测试[M]. 夏俊杰，周雪峥，译. 北京：人民邮电出版社，2002.

[13] Haugdahl J Scott. 网络分析与故障排除实用手册[M]. 2 版. 张拥军，等，译. 北京：电子工业出版社，2002.

[14] 朱德熙. 语法讲义[M]. 商务印书馆，1980.

[15] 雷英杰，邢清华，张雷. VISUAL PROLOG 编程指南[M]. 北京：电子工业出版社，2002.

[16] 刘康平，李增智. 网络告警知识发现研究与实现[J]. 北京：计算机工程与应用，2001，23：25－27.

[17] 王云岚，李增智，等. 网络故障管理专家系统及知识发现系统[J]. 西安：微电子学与计算机，2002，4：57－59.

[18] 李增智，朱海萍，等. 一种故障诊断专家系统在网络管理中的设计与实现[J]. 北京：计算机工程与应用，2001，17：24－26.

第 7 章　新一代专家系统研究的总结与展望

新一代专家系统是一个内容很多、覆盖面很大的课题，本书仅从知识表示、知识推理、知识获取和自然接口等 4 个方面介绍了新一代专家系统中的关键问题，并结合研究内容，介绍了一个具有新型专家系统特征的网络故障诊断专家系统原型系统的设计过程。本章主要总结全书内容，明确已经得出一些重要结论，并且指明今后的研究工作。

7.1　本书的主要研究工作

本书对新一代专家系统中关键问题的研究进行了详细介绍，并结合网络故障管理的具体问题，设计并实现了网络故障诊断专家系统原型。作者的主要工作表现在以下几个方面：

1. 灰色概念图的知识表示方法

一般的概念图属于白色概念图范畴，它仅仅能够表示一些清晰的知识。在一些文献中提出的模糊概念图仅能够处理一些内延清晰，而边界模糊的知识。模糊概念图主要用来进行图像中的景物识别。由于现实世界的多样性，还有一大部分知识是属于内延模糊，而边界清晰的灰色知识。针对这种现象，作者提出了灰色概念图知识表示方法，并研究了白色概念图、模糊概念图和灰色概念图的一致性，实现了不同范畴中概念图的统一表示，使任何类型的不确定性知识都可用灰色概念图表示。

2. 扩展产生式规则的知识表示方法

在具有自然语言接口的专家系统中，知识表示要求既能够方便自然语言的理解和生成，又利于专家系统的推理。在本书设计的网络故障诊断专家系统中，作者将灰色概念图同产生式规则相结合，提出了一种基于概念图和产生式规则的扩展产生式规则知识表示方法，它不但保持了产生式规则中具有的良好的模块性、一致性、自然性、方便性和易操作性的特点，又具有同自然语言自然映射的特性，便于自然语言理解和自然语言生成，特别适合进行具有自然语言接口的专家系统设计。

3. 概念图的语义约束推理和灰色概念图的匹配推理

作者在对传统概念图中的完全匹配推理、相容匹配推理、投影匹配推理、最大连接匹配推理进行形式化和理论化的基础上，设计了投影匹配推理算法 MAPCG 和相容匹配推理算法 ACMCG。在概念格中，提出了概念格中的语义概念，设计了最短语义距离匹配推理算法 SSDCG 和模糊含权概念图的投影匹配算法 PMFCGw。在灰色概念图的知识表示方法的基础上，作者提出了灰色概念图的匹配推理方法，并详细地讨论了灰色概念图中不确定性知识的传播问题。

4. 以关联规则为基础的知识挖掘算法

知识是专家系统的基石。为了丰富网络故障诊断专家系统中的知识量，作者以传统关联规则为基础，针对网络中的网络故障 Traps 历史数据，分别从对数据库约简、数据库中数据项间的关联度、数据库中数据项的模糊性等方面讨论了关联规则挖掘算法，并分别提出了以 Apriori 算法为基础的 MARRD 算法、FFIA 算法、Apriori_ADO 算法和 MFARR 算法。通过对大量的历史数据进行在线知识发现，丰富了专家系统中的知识库，增强了系统解决问题的能力。经过大量的数据测试和实验，新算法在总体性能上有明显的改进。

5. 设计并实现了基于概念图的自然语言生成

自然语言具有方便、直接和易于使用的特点。专家系统中自然语言接口可提高系统应用面和效率。作者在本书中设计的专家系统自然语言接口包括自然语言理解和自然语言生成两部分，它能够理解用户输入的有关网络故障诊断方面的书面汉语语句，还能够根据专家系统输出的正则图生成汉语语句。在本书中，作者重点讨论了专家系统自然语言接口中自然语言生成的基本概念，然后详细地讨论了汉语语句的生成过程和 GSCG 算法、GSCGC 算法和 GSCGN 算法。

作者通过对新一代专家系统中以上问题的研究，设计并实现了具有新一代专家系统特征的网络故障诊断专家系统的原型系统。该系统中所有知识均按照扩展产生式规则进行表示，具有能够对有关网络故障方面的汉语语句进行理解和生成的自然语言接口。在系统知识量不足时，自动启动在线数据挖掘功能对大量历史数据进行知识挖掘，补充知识库，达到自我完善和自我学习的目的。

7.2　主要研究结论

从本书介绍的研究工作中,可得出如下重要结论:

(1) 知识表示问题是人工智能系统中的重要研究方向。本书通过对现有知识表示方法进行分析比较,结合网络故障诊断专家系统的设计,作者提出了扩展产生式规则(EPRs)和灰色概念图的知识表示方法,并研究了灰色概念图、模糊概念图和清晰概念图的统一表示。在 EPRs 中,规则的前提、结论和处理部分分别用概念图表示,是产生式规则与概念图的混合知识表示方法。EPRs 既利于专家系统中自然语言接口的设计,又适合专家系统推理的实现。

(2) 知识的不精确推理是专家系统中的重要推理方法。在专家系统中,为了模拟人类对于不确定性知识的处理过程,针对专家系统中网络故障现象的不确定性,本书提出了基于灰色概念图的不确定性推理方法。模糊概念图是将概念图和模糊数学相结合的产物。不管是白化概念下的概念图,还是建立在模糊理论上的模糊概念图,它们主要描述清晰概念,或者是描述问题空间中边界模糊而内涵清晰的知识。本书中介绍的灰色概念图不确定性推理,是描述自然语言中有关网络故障的边界清晰而内涵未知知识推理的重要工具。

(3) 在知识推理方面,总结了传统的知识推理方法,对概念图的知识推理进行了系统化和理论化描述,并设计了匹配推理算法。针对灰色概念图知识表示方法,特别介绍了基于语义距离的匹配推理和灰色概念图的匹配算法,解决了专家系统中 EPRs 规则的知识推理问题。

(4) 在网络故障管理中存在着大量的历史告警数据,它隐藏了大量的有关网络行为模式的有意义的、潜在的、新颖的知识。大量的知识是对专家系统内涵的极大丰富。为了增强专家系统的在线知识获取能力,根据现有的关联规则挖掘算法,分别设计了基于数据库约简算法 MARRD、数据库中数据相关的关联度算法 FFIA、一次性数据库访问策略算法 Apriori_ADO 和基于数据库中数据项模糊性的算法 MFARR。经过数据的测试和验证,新算法是行之有效的。

(5) 从广义上讲,自然语言生成是自然语言理解的逆过程。本书主要依据概念图的知识表示方法,介绍了基于概念图的自然语言生成的方法,总结了汉语语言中常见的关系模式,设计了从概念图生成汉语语句的简单概念图的生成算法 GSCG、循环概念图的生成算法 GSCGC 和嵌套概念图的生成算法 GSCGN,并对循环概念图和嵌套概念图提出了相应的存储形式。

7.3 研究展望

新一代专家系统是一个新的概念，相应的系统结构、算法和方法都处于研究阶段，有待形成一种研究氛围。同时，计算机网络故障管理是当前网络管理中重要的研究方向，在网络故障管理中引入专家系统的管理方法是学术界的研究热点。为了能够对新一代专家系统进行细致的研究，建立具有新一代专家系统特征的计算机网络故障专家系统，对计算机网络故障进行有效管理，仍然有大量的问题需要解决。这些问题重要表现为

（1）自然语言理解和自然语言生成是一个比较难的研究课题。对于一般3岁小孩易于理解的语句，在计算机上可能很难完成，就是目前有名的一些在线翻译系统，也存在许多自然语言理解问题。在计算机科学上，自然语言理解和自然语言生成的研究是一个长期的研究方向，特别是对于中文系统的研究，仍然任重而道远。

（2）在对汉语的自然语言理解中，必须研究一种效率更高、正确性更高的汉语语句切分词汇算法。尽管目前有许多汉语切分词汇算法，但是算法的效率和切分词汇的正确性还有待进一步提高。

（3）数据挖掘过程可能产生大量的规则，其中有许多规则对网络管理人员并不感兴趣，或者所得到的知识并不新颖。基于约束的挖掘允许用户根据他们关注的目标，说明要挖掘的约束，使得挖掘过程更有效，挖掘的知识更有趣。因此，研究基于约束的数据挖掘在网络管理中的应用是一个有潜力的研究方向

（4）分布式专家系统和协同式专家系统是新一代专家系统的重要特征。随着计算机网络的日益普及以及分布式网络管理的出现，系统的管理模式由集中管理模式向分布管理模式迁移，与网络故障管理相关的数据和知识分布到各级网络管理中心，每个管理中心包含数据挖掘所需全部数据的一部分或部分知识。根据知识和数据的分布性，协同式专家系统、分布式专家系统的知识推理及其知识的获取是今后的一个主要研究领域。